# 高职数学教学改革与专业人才培养研究

尹德玉　著

中国纺织出版社有限公司

# 内 容 提 要

数学课程是高等职业院校课程结构体系中的一门公共基础课程，是高职教育体系的重要组成部分。高职数学教学的最终目标是培养学生的能力和素质，"强基础、提能力、增素质"已成为目前高职院校数学教学改革的大方向。本书从教学内容与方法改革、反思性教学改革、人才培养等方面对高职数学教学改革和专业人才培养工作进行了深入研究。本书适用于高职数学教学研究人员。

**图书在版编目（CIP）数据**

高职数学教学改革与专业人才培养研究 / 尹德玉著. -- 北京：中国纺织出版社有限公司，2023.9
ISBN 978-7-5229-1074-1

Ⅰ. ①高… Ⅱ. ①尹… Ⅲ. ①高等数学－教学改革－研究－高等职业教育 Ⅳ. ① 013

中国国家版本馆 CIP 数据核字（2023）第 190853 号

责任编辑：段子君　　责任校对：高　涵　　责任印制：储志伟

中国纺织出版社有限公司出版发行
地址：北京市朝阳区百子湾东里 A407 号楼　邮政编码：100124
销售电话：010—67004422　传真：010—87155801
http://www.c-textilep.com
中国纺织出版社天猫旗舰店
官方微博 http://weibo.com/2119887771
北京虎彩文化传播有限公司印刷　各地新华书店经销
2023 年 9 月第 1 版第 1 次印刷
开本：710×1000　1/32　印张：5
字数：114 千字　定价：99.00 元

凡购本书，如有缺页、倒页、脱页，由本社图书营销中心调换

# 前　言

　　科技的发展使数学在日常生活中的运用越发广泛，人们通过学习数学掌握在生活中必需的数学知识和思维方式，并使其成为生活的一部分。早在20世纪50年代，就有数学专家和教育工作者意识到数学在教育过程中的重要作用。为了更好地适应社会生活，无论是从事生产还是科学研究，我们都需要数学的引导。

　　在高等职业院校的课程设置中，数学是一门核心的公共基础科目，它是高等职业教育体系的重要组成部分。如今多数数学课仍采用传统的授课模式，将教师置于教学过程的中心，限制了学生的主动学习，对学生的主体性没有很好的体现。课程内容侧重理论知识的系统性和完整性，重心在定理证明和公式计算上，并没有与专业知识和实际问题相结合，这无法让高职数学更有效地为专业培养目标服务。高职数学教育的最终目标应是培养学生的能力和素质，"强基础、提能力、增素质"已是当前高职院校数学教学改革的大方向。

　　我们坚持"使每个学生能够娴熟处理和解决现实问题"的教学理念，在具体的数学教育过程中，致力于传授实用的数学理论和思维方式，以及如何运用数学技能解决现实问题。随着高职教育改革的推进，高职数学教学正向以提升学生数学素质为目标，培养学生实用能力为中心的方向转变。

　　高职数学不仅是高职院校重要的文化基础课，而且是必修的职业基础课。数学的发展在一定程度上决定着人类社会的发展。现代数学教育是学生加深对数学文化认识，提高国家综合数学素质的重要途径，也是 21 世纪培养创新型人才的必由之路。因此，开展高职数学教学研究具有十分重要的意义。

尹德玉

2023 年 5 月

# 目　录

# 第一章　高职数学教学概述

## 第一节　高职数学的定位

### 一、培养目标

在我国的高等教育体系中，高等职业教育占据了必不可少的一席之地，但是，其教育目标和受教育人群与普通高等教育不同。高等职业教育致力于培养既能够掌握高级应用技术，又能在社会生产、生活以及服务实践职业岗位上发挥作用，并有能力参与基层一线生产活动的技能型人才，重点放在培养学生的实践技能和创新意识。这种教育模式主要致力于培养技术管理、技术操作和技术服务的优秀人才。他们不仅深谙专业技术理论知识，同时在技术应用和实践操作上的能力也超越了一般的本科生。

### 二、课程任务

作为基础课程的高等职业教育的数学科目，其关键任务在于打造专业课程所需的数学基础。再者，高等职业教育的宗旨在于培养拥有高级技术能力的专门人才。因此，从宏观视角看，高等职业教育数学的课程任务可以分为两部分：一是在普通高中数学课的基础上进一步加强对本科目的了解，提升基础的数学能力，增强数学修养；二是提供必要且充足的工具，旨在帮助学生有能力去学习专业知识，以提升运用数学知识解决实际问题的能力。换言之，高等职业教育数学的主要责任应是以数学工具赋予学生能力。由于现今社会技术的快速进步与持续创新，以及职业岗位的持续演变，高等职业教育的目标不应仅仅聚焦于培养学生就业的能力，更应当协助学生建立面向未来发展的学习基础，使他们拥有终身学习的能力，这也显示了高职教育的前瞻性。

## 三、课程特征

### （一）基础性

这里的基础性主要涵盖两个方面：一方面，数学知识对专业基础课程和专业课程的学习至关重要；另一方面，数学素养在人的发展过程中占有基础性地位。基础性特征要求必须对学生进行数学基本概念、基本方法及基本思维的教育，并且应该注重培养学生运用数学解决问题的能力。

### （二）应用性

针对第一线高技能实用型人才的高等职业教育，其对数学的要求不应过于依赖"学科性"框架，也无须过度强调数学科目的"系统化""精确化"和"完备性"。数学课程的内容应与专业培养目标相适应，并剔除与专业无关且不妨碍基础数学知识培养的复杂困难内容，以便于学生在较短的时间内学习到最实用、有效的知识。

### （三）实用性

以应用能力为重心的高等职业教育，强调数学知识在各个专业领域以及日常生活中的实用性，更着重在使用数学工具上，因此教学中必须包含一定比例的实际应用案例。

（四）多样性

数学在各高职专业中的需求程度各有不同，因此，各专业的数学课程内容和深度都应有不同特点，这也是数学教材需要注明使用专业的主要原因。

（五）前瞻性

21 世纪的社会是学习型社会，数学教育不仅要为学生的终身成长打下稳固基础，也要将一些新型数学知识融入教科书，并作为一种工具教导学生如何学习。在实施数学课程时，我们既不能只关注"必要且足够"原则，只是满足学生专门课程的需求，也不能贬低数学在高等职业教育中的地位和作用，将其简化为"中等专业"的纯粹"结论加实例"模式，削弱数学在高等职业教育中的重要性。同时，也不能过度夸大数学的地位和作用，以至于失去对高等职业教育目标的把握。

## 四、高职学生数学学习的特点

对高职学生的数学学习来说，除了拥有一般的数学学习特点外，还具有下述三个显著的特点：

（一）学习结构专业性和职业性突出

高职教学的宗旨在于培育精通高级技能的专业技术人才。因此，对于高职学子，其所学习的数学科目，削减了复杂理论推导和验证的部分，而注重提高课堂知识与所属专业间的关联性及培养学生的专业技能、强调数学知识在各个专门领域的应用，通过学习和训练，为学生未来职业生涯提供稳健的根基。

（二）学习内容应用性和实践性显著

高职院校的毕业生属于高级应用型专业人才，对他们的教育注重在实践经历中实现学以致用。因此，这些学生在学校的学习过程中，除了需要学习和理解数学的基础理论和基本方法，进行各种实际操作训练，同时也需要理解和把握那些与他们的专业知识和技能密切相关的数学理论和建模思想。他们应该能够运用他们所学的数学知识，将数学作为工具，以解决日常生活和专业实践中出现的各种问题。

（三）学习方法多样性和选择性结合

与过去的死记硬背式的教育相比，高职院校的数学教学方法和学习方式更为多元化、灵活化、个性化及广泛化。高职学生在学习数学的过程中，除了接受老师的讲解外，还可以寻求数学实验、课外实践、自我学习等多种渠道。在这种多元化的学习过程中，学生们拥有更大的选择余地。

## 五、学习成绩评价

深入教育改革加强了对提升学生素质重要性的关注。这就表明，必须有必要的数学成绩评价体系改革，以达到素质教育的目标要求。同时，需要使学习者明白，素质教育并非取消考试，而是更应关注考试，特别是在建立于素质教育之上的数学成绩评价体系。我们要消除传统考核的短板，并持续进行改革和完善，使之既可以体现数学教学的规律，又可以对学生的数学成绩和教师的教学效果作出评定，全面评价学生真正的数学水平。

（一）学习成绩的考核方式

要改变现有的高职数学采用融合日常表现、期中和期末考试于一体的评估方法。日常的互动、课堂作业等学习行为应作为评估内容，同时放大日常任务、讨论、提问等各方面的成绩权重，以此提高评估的效用；结合开放和闭卷，视教学内容和目标的差异，在不同的学习阶段采用不同的考试方法。数学不仅是一个至关重要的"工具"或手段，更重要的是它的思考模式，也就是数学思维。

从数学教育的主要目标和相关的数学行为来说，考核方式应该符合数学专业的特性和需求。传统评估方法只要正确使用，也能充分展现出其价值，所以不能完全废弃。

首先，对基本数学理论的掌握，我们仍需通过闭卷考试进行评估。无论是哪一门课程，它的基础概念、基本法则、基础手段和基础知识是必须全面掌握的，缺一不可，否则无法实际应用。考核方式在本质上要具备可靠性，需能准确评估学生的学习成果和能力状态，能呈现出考核的目标，同时必须易于操作。闭卷考试试题的设置需着重验证学生对数学基础知识的理解深度，同时也要关注学生的应用意识、兴趣及能力的提升，能够从多角度运用数学基本观念，将基本理论和实际问题，尤其是经济问题的联系展现出来。

其次，我们必须采用培养学生的数学观念、推理能力、问题解决及信息交流等手段来提升学生的数学素质，这可以通过结合口试、笔试以及实际操作等方式来考核。其目标不仅是测试学生对知识理解的深度，同时考验他们的应对能力和综合运用知识的技巧。鉴于数学课本的容量庞大，以及涵盖内容广泛，只通过一两次考试，很难全面考核和掌握一个学期的数学课程，甚至可能导致学生在考试临近才急速复习的现象发生。他们专注于阅读笔记、记忆结论和刷题，这无助于提高学习效果，考试分数也可能出现偏差。如果我们能在日常学习中通过布置家庭作业的方式来作出评估，这无疑对于实时反馈和提升学生学习的积极性大有裨益。此外，在课堂教学环节中加入讨论和问答的部分，有助于提高学生的语言表达能力和随机应变能力。

最后，技能型的数学实验可以采用开卷形式进行考核。这与闭卷考试存在着差异，数学实验是高职数学教育改革的产物，它不仅创新了教学内容，而且构建了全新的教学环节。其目标在于，运用所掌握的数学知识，将实际问题转变为合适的数学问题，通过应用数学手段和运算技巧，并以电脑为工具，达到解决问题的效果。

为了实现考核的预定目标，命题质量是关键。因此，实行教与考的分离，强化题库的建立，能够有效防止教师和学生的临阵磨枪，能更加公正地反应出教学成效。这不仅可以提高教师的责任意识，也能促使学生更有主动性地学习，有助于激发教学双方的积极性。无论是对电脑题库还是对成卷题库，都应该基于教学内容和目标不断更新，逐渐完善。

（二）要从成绩考核向能力考核转化

对学生的数学能力评价往往是基于他们的考试得分，这个分数不仅揭示了他们的知识储备和品质，还能体现出他们技能的准确度和熟练程度，以及知识和能力的水平，但是，分数可能无法全面反映学生在各领域能力的优劣。虽然知识是能力的基础，但它们并不一定能够线性增长。成绩无法直接反映出学生掌握的基础概念、简单运算、综合利用、证明等技能的层次，只有不断地吸收这些知识，才能转化为真实的能力。因此，在实践教学中，尤其是在考核阶段，我们需要高度重视能力考核的重要性，实行"知识和能力并重，教学和考试融为一体，强调教学内容的实用性和针对性"的考核方法，确保在评价知识的同时也培养学生的基本素质和能力。无论是教学方法的改变还是考核方式的改变，都给教师带来新的挑战。教育的目标是培养具有创新思维的优秀人才，而不是只懂得获取知识，取得高分的机械式学习者。这里涉及一个数学教育观念的变化，教材所传达的推理方法通常不能匹配我们在研究和思考数学问题时的思维模式，二者可能完全不同。学生需要掌握的不是形式化和严谨化的知识体系，而是形象、直观的数学思维方式。在编写数学教材的过程中，要考虑培养学生掌握数学基础理论和基本技能，同时利用现代数学思维去解析和处理实际问题的能力。

（三）综合评价学生考核成绩

能否在具体的数学教育实践中真正实施素质教育理念，大部分情况下依赖于教学管理的有效性。这直接涉及数学教育的评价，创建一个能评价学生实际数学能力的方法尤为关键。因此，在评价学生的数学考试成绩时，我们应把推动数学教育目标的实现视为首要任务，提升学生作为社会成员的数学素养，以促进他们的全面发展。数学成绩的评价是为了推动学习，而不是筛选学生。在评价学生的数学成绩时，不能只看他们掌握的数学知识的广度和数学技巧的高度，而应该以数学素养作为评价的主要标准，对学生进行全方位的评价。

在评定学习表现时，应协调期终考核与平时考核。而创造性和创新性应被视为成绩评价的关键因素，从而激励教学过程中的创新精神和能力的培育。在评价过程中，不仅要关注学生对数学教学内容的理解程度，更应注重他们在各种问题环境中对所习得的数学知识和技巧的灵活应用能力。

为了正确地评价数学教育现状和学生的数学水平，我们必须创新评价手段并突破既有的测评范围。首先，在出题方面，我们需要超越传统的题型设计和解答方法，并重视数学在人类各类实践活动中的应用，引导数学教学进入更加实际可行的方向。其次，我们需要扩大测评内容的背景，形成多元的知识联系。在确保问题的复杂程度适中的同时，我们需要将数学测评与经济、金融、生物、科技等多个学科领域的知识结合。最后，开放性的有效评价也是一种创新，这种评价方式追求的是评价的多元发展。我们需要设计包括多元的评价标准和基于实际场景的评价方法，以评估学习成果、学习过程的进步，同时关注学生各方面的潜能开发，了解学生未来需求，帮助学生进行自我认知，建立自信，开发创新能力。只有这样，我们才能准确地掌握每个学生的实际状况，为教师教学和学生学习提供有利的信息。

（四）对高职学生的数学学习进行多元评价

对数学学习评价的明确定义要求我们着眼于三个方面：一是对知识的掌握度，二是能力的提升与过程，三是情感倾向的表现。情感倾向主要是关于学生对于数学的情感投入，如他们对数学的兴趣、欣赏、理解、表达、信念和好奇等感性反应。目前高职学生的数学学业评价系统存在诸多不足，评价学生的学业表现时，我们不仅需要看学生的最后成绩，也要重视他们的学习过程。全程跟踪学生的学习过程，包括他们思考问题、寻找答案、设立假设、合作与交流、理性推理和计算，以及运用数学技巧的过程，他们的数学认知、能力和情感也要涵盖在评价的衡量标准中。

在评价高职学生的数学学习效果时，应采用多元化评价方式。这种方式契合以学生为本的教育理念，能有效促进学生的进步，具有现实可操作性。多元化评价包含了多个方面的内涵，比如评价人的多样性、评价形式的多样性、评价内容的多样性、评价目标的多样性和评价技术的多样性等。评价人的多样性意味着老师评价、学生自我评价和互相评价的融合。评价形式的多样性则是结合定性和定量评价，融合书面和口语表达，课堂内外活动的结合，过程和结果的统一。评价内容的多样性包括对知识理解、情感态度、人生观和身心素质等方面的考核。

了解评价的多元化后，我们意识到评定高等职业学生的数学学习成果并不仅限于他们获取的数学知识的量，而要更注重他们在数学能力和素养上的提升。因此，实施对高等职业学生学业表现的多方面评价，我们需要调整过去那种以课程为主的评价方式，改为以能力为基础的评价系统。我们应该强调对学生学习过程中的过往和现状的比较，重视学生的素质发展，进而改变过去简单依赖于一次性评价的情况。

# 第二节　高职数学教学方法

## 一、概述

高职数学作为基础学科，融合了逻辑的严谨性、精准的运算和理论推演。在教学过程中，许多教师把数学教学看作概念和定理的阐释以及算法技巧的讲解，而并未以有趣和形象的方式进行教学。

### （一）渐进分析法

教科书通常使用"渐进分析法"来证明定理和公式，这种思维方式是正向的，它依据定理的本质直接探求证明数学命题的解决途径和技巧。这种教学方式在一定程度上限制了学生的思考。而选择"反推法"这种反向的发散思维反倒能带来更佳的成效。就是说，在授课时要让学生清晰地知道他们需要达成的目标是什么，利用现有情况，如何在目标和现状之间搭建桥梁。

### （二）对比式教学

高职数学课程极其注重逻辑思维，各个章节之间的联系紧密无比。

在教学过程中，比较或对照式的处理教学内容，有利于学生深化对主题相同与不同点的认识，也有利于将众多独立内容整合，形成全局性理念。例如，讲授多元函数微积分时，与一元函数微积分的相关概念进行比照，可以让学生明白，多元函数的一个变量的偏微分，其本质就是将多元函数看作该变量的一元函数后对该变量的微分。

我们还可以采取一种新的教学策略——建构式教学法。在老师的指导下，学生积极地把老师传授的知识和自我习得的知识，经过理解和消化，塑造自己的知识体系。一方面，教师要通过深入的诠释，向学生分享知识，鼓励他们提出疑问，进行分析和研究，并与学生进行讨论，激起他们的创新思维，进而挖掘他们的潜能。另一方面，教师需要为学生创设一个有益于自我学习的环境。一个良好的学习环境应该包括给予学生充裕的自我学习时间和允许他们自由探索的知识领域。

（三）由此及彼法

采用鲜明生动的语言进行严谨而抽象的数学理论的类比，强化实践教学部分，并由此及彼阐述问题的根本。传统的教育方法先引入新概念、定理和公式，然后解析例题，仅仅是教师不断塞给学生知识，将学生视为存储信息的设备，不能体现学生的主观能动性。由此及彼法则通过生动、直观的示例和图表，提出一些富有吸引力的问题，随后进行有条理的剖析，再引出新的概念。

（四）自学自讲法

数学教育的核心并不是教授解题方法，而是通过教师策略性地提出疑问，以激发学生主动思考，主动接受知识。对于那些概念简单、计算标准化，或者知识间有较强联系的内容，学生可以提前预习重点知识，为上课提问做好铺垫。例如，不定积分的定义和特性，函数的单调性判断，多元函数极限、连续、求导等概念及其运算，以及多元函数极值的求解等，学生都可以利用已有的知识着手解答。这样可以防止教学内容重复，且能提高学生自学能力。在概率论和数理统计中，假设检验部分就可以选作自学自讲的内容。学生对均值检验已有深入理解，在掌握了检验基本原则后，可以预先布置一些关于方差的题目，学生可以预先准备，然后在课堂上进行探讨。

（五）讨论互动法

讨论式教学已经被认作极为有效的一种方法，如今在国内外已大范围应用。它不仅颠覆了传统的教学模式，更拉近了学生与教师的距离，激活了乏味单一的课堂氛围，使原本枯燥的知识变得生动有趣，进而增强了学生的学习兴趣和积极性。

讨论式教学的实施方法：

1. 营造良好的课堂讨论氛围

在教学过程中，师生关系应是平等的，而非上下级的从属关系。教师需要推动教学民主化，当分析或讨论问题时，应激发学生有勇气进行质疑，并提供自己的观点，让学生在讨论和学习过程中察觉到"自由感"和"轻松感"。这有助于学生在课堂中敢于提问、毫无阻碍地表达意见，逐步建立起一个轻松民主的课堂环境，为学生与学生，以及师生间的学习打造出一个优秀的教学环境。教学过程中，问题的质量也会影响课堂讨论的氛围和效果。如果设计的学习问题难度过大，知识过于复杂和深奥，超出学生的接受能力，它们将无法进行讨论和学习。

2. 确定讨论问题

教师提供讨论提纲，为学生定下学习的方向，让他们根据提纲阅读教材或者对教材中的重点和难点部分进行有目的、有选择地阅读。教师也可能在学生探索新知识后引领他们回到教材，使他们对课程的新知识有基本的理解。

在学习过程中，鼓励学生阅读书本时要及时思考其中的概念、定理、公式等，理解知识的提出、发展和形成历程。对于学习过程中出现的难题，要积极提出疑问。为了满足学生的学习需求，同时也为了充分利用有限的课堂时间，我们倡导学生预习课程，并在此基础上对教材进行初步质疑。经验告诉我们，良好的预习是激发学生学习热情的有效手段之一。通过预习，学生可以产生并提出各种问题。在精选讨论问题时，我们考虑到了以下因素：

首先，选定的问题应与教学目标的实现关系紧密；其次，应优选可激起深入讨论的问题，以此来营造课堂讨论的氛围；最后，应选取学生在目前阶段无法自我理解或消化的问题，这种问题可激发学生的讨论欲望，并助推他们的思考走向更深层次。

3. 采用"三轮"方法，正确引导

在实施"讨论式教学"过程中，我们选择了运用"三轮"讨论方法。

第一轮：开启广泛性讨论。在此环节，学生们先个人预习并提出初始疑问，然后在分组内部进行问题共享和筛选，最后由各组代表向全班提出问题。教师在整理众多问题的过程中，筛选出几个具有共性和普适性的问题。

第二轮：启动探索性讨论。基于明确讨论的议题，教师激励学生做进一步的思考，进行探索性的讨论。在探索性讨论的过程中，通常会遇到一些情形：一是部分学生会对某些细枝末节的问题进行过度争论，此时，教师需要帮助他们关注关键性的问题；二是有些学生只满足于表面的讨论，没有看到问题的本质，此时，教师需要引导他们从现象中洞察本质；三是有的学生在讨论时针对具体事件发表意见，此时，教师应敦促他们应用已有的知识或理论进行问题分析。

第三轮：进行激辩式讨论。实际上，激辩式讨论能够形成课堂讨论的热点。老师要激励学生展示各种观点，包括那些较为尖刻甚至激进的观点。有时，双方激烈辩论可能引发相持不下的争议，这其实是件好事，因为创新的火花可能就在此刻激发出来。我们注重的不仅仅是各种各样的结论，我们更看重的是讨论的过程和思考的过程。

在这种激辩式的讨论中，教师可以适时地亮出自己的立场，借助理论陈述去说服学生；有时也可以对讨论的主题进行整理或概述。面对学生在自我学习过程中遇到的困境或新知识中的核心部分以及那些难以理解的地方，教师没必要急于提供解答或答案，而是应当从问题的本质出发，给予必要的"启发"，引导学生调整自我认知，让所有的学生进行探索，发表自己的见解，集思广益，相互学习，通过再次思考，重新讨论，达到理解的境界，解答疑问。对积极参与讨论的学生要予以表扬，对有独到见解的同学则要予以认同和鼓励。

4. 练习巩固

这个阶段的目标在于巩固知识。老师需要细心构思习题，强调解答的思路，重点关注在做题中出现的困难和疑问，让学生先独立思考，小组一起讨论，最后以老师提问或学生在黑板上示范的方式，推动分组学习，创新性地解决问题。

5. 归纳总结

归纳总结就是对所学内容进行总结梳理，进一步加强和深化学习内容。在课程小结中，应由教师和学生共同参与。先由学生分享学习感受和收获，以及在学习过程中需要注意的问题，然后由教师进行总结。学生间的学习经验分享，常常能触及知识和方法的核心，更易于被其他同学接受，实现教师总结无法达到的效果。

（六）适度启发法

许多人认识到了启发式教学在教育中的关键性，但是对怎样适当地运用启发式教学却感到迷茫。事实上，掌握启发式教学的要点就是要明确何时何地如何有效地提出问题和解答，从而实践出真正的教育艺术。虽然启发式教学可获益良多，但也不可过度应用。合适与适时的使用可以优化教学效果，能够激发学生的学习热忱以及解决问题的能力。然而，这种方法并不是所有的科目和内容都能适用。

在运用启发式教学方式时，教师需对授课内容全面理解，要准确理解问题的核心，适时地提问、引导、启示，同时，教师也要将教育心理学应用于教学过程中，了解学生心理，灵活调整教学内容，并实现教与学相互融合，提升教与学的互动性。

（七）设置悬念法

单纯使用常规的教学方法去解析某些理论、演示计算过程以及应用数学在实际操作中，只会导致学生陷入被动学习的境地，不能主动地思考，更不用说激发他们的学习热情。然而，通过创建悬念的方法，问题的解决自然就呼之欲出，从而帮助学生开始主动地思考问题，这无疑会提升他们学习的主动性。

（八）归纳法

1.整体归纳教材的内容

让学生了解大纲的内容，使之对教材研究的对象、涵盖的内容和研究方法有清晰的认知。比如，高等职业教育的数学教材研究了一元函数和多元函数，具体内容涵盖微分和积分，其中微分包括极限和导数，积分部分则囊括不定积分和定积分，二者正好相对，而研究方法是通过解决极限问题来进行的。

2.系统归纳同一数学问题

比如，有八种不同的求极限方法：分子分母约分法、通分法、重要极限法、取对数法、分子分母有理化法、洛必达法则等。假如学生能够娴熟掌握这些求极限方法，便可对定积分的求解运用类似的方法。

3. 横向整合同类型教学内容

例如，无论是一元函数的导数、多元函数的偏导数，还是方向导数，实质上都是变化率的问题，然而，前两者属于双侧极限，方向导数则为单侧极限。在选择教学方法时，一定要密切结合教学内容的设立和教学工具的运用，决不能片面地认为某一种教学方法是最好的。

（九）练习法

该教学法运用在课程结束、单元测试和考试阶段，引入经典案例，旨在培养学生分析和解决实际问题的能力。通常，练习法分为问题解答练习和实操练习两大类。问题解答练习主要是为了让学生能够利用所学到的案例知识和理论方法解决实际问题，此种方法在数学案例教学中得到了广泛的应用。实操练习则是帮助学生掌握相关的技巧。

（十）案例教学法

1. 重视案例选编工作

充足且全面的案例集是案例教学的前提。如果没有一定数量的满足教学目标需要的教学案例，案例教学就无法推广。尽管案例教学法的优越性早已得到认可，且在教学实践中得到积极推广，但高品质教学案例资源的不足从未得到解决。考虑到当前合格的教学案例数量有限，教师们需要联合起来，共同投入案例的收集和编撰工作中去。以下是我们获取案例资料的一些方式：

首先，要开展现场调研，根据教学目标定向地搜集案例；其次，参考相关资料或教科书中的优良案例；最后，充分利用报纸、杂志、互联网等信息来源进行教学案例的收集和编写。

我们必须要明确一点，编写案例与写学术论文或一般的科研报告有很大的差异。虽然案例需要包含故事性的叙述，但仍不能忽视对问题背后的理论和逻辑的解析，要明确研究和讨论问题的理论构架。

2. 采用多元化和灵活的手段来进行数学案例教学

案例教学的方法是各式各样的，老师在实施这种教学模式时应当充分利用这些方法来达到教学的目标。在应用这些方法的过程中，老师应恪守两个基本原则：

（1）根据教学需要选择案例

教师应跟据课程内容精选案例，并根据其所包含的知识和学生的知识基础，借助案例分析以实现温故知新的目标；同时也必须考虑到学生的实际情况，选择难度适中、长度适宜的案例，不能盲目追求全面深入。

（2）根据案例内容确定教学形式

如果结束了一章节或一个单元的学习，采用案例讨论课的方式，让学生构建出更系统、更清楚的知识结构，在此过程中也可使抽象乏味的概念变得生动有趣。

3. 打造适用于数学案例教学的学习环境

为了确保案例教学的效果，我们需要创建适合该教学方法的学习环境。保证学生有足够的预习和准备时间以便可以对问题进行更加深入的思考，同时也为他们提供充分的课堂讨论时间，避免时间过短收场，导致教学效果不理想。在时间分配上，我们通常选择四至五个具有典型性的案例进行课堂公开讨论，其他的则作为课后作业。这样不仅能加深学生对课堂知识的理解，而且让他们掌握基础的案例分析方法，同时也节省了每节课中进行案例解析所占的课堂时间。

## 二、教学实践

### （一）数学公式及定理方面的教学法

高等职业教育中的数学教科书中充斥着公式和定理，课程的内容是对这些公式和定理的正确性进行论证。然而，这与数学作为实用工具的特性，服务于专业目标，以及高等职业教育的目标——培养应用型技术专业人才之间的关系相去甚远，尤其是与培养应用型技术人才的目标关系较远。因此，减少在高等职业教育中的定理论证已经成为教学的一大特色。然而，人的思维有其固有的规律，只知道结果而不了解其中原因的认知方式不能满足人们的常规思维需求。在课堂上，这种问题的体现是，学生会对没有证明的结论感到困扰、突兀、难以接受，进而影响了他们对公式、定理的运用。

1. 由特殊到一般

在省去定理证明的情况下，为避免学生对结论的突然性感到困扰，同时也为了增强他们的应用能力，对于大多数的定理，我们仍然需要详尽解释其结论的由来。在探求每一个具体定理或公式的解释方法时，我们应该使用何种思维模式呢？我们建议的一个较为合适的方式便是"由特殊到一般"。这种方法是在提出结论时，先从学生所熟识的具体案例中证明在该特殊情况下，结论是正确无误的，然后将其推广至一般情况，使学生能在思维上自然地接纳这个定理，易于理解、记忆和应用。在教学过程中，有一条重要的原则需要牢记，那就是在运用由特殊到一般的教学思维模式时，必须持续强调结论的正确性。

2. 几何分析法

几何分析法的基本内涵、步骤：

几何分析法是通过使用几何图形作为具体的展示案例，帮助解析和理解定理。它可以非常有效地阐明微积分中关于极限的四则运算规则、单调性和极值的判别法则、中值定理和原函数存在定理等一系列关键定理。这种分析方法可以以合适的、明确的、全方位且直观的方式进行分析。具体的步骤包括：查找满足定理条件的几何图形，并借助这些图形深入阐述定理的条件和结论。

根据微积分学的特性，几何分析法可被划分为三个主要类别：

第一，曲线趋势法。曲线趋势法是一种通过分析曲线的变化趋势来分析定理和公式的方法，学界通常也称其为曲线趋势法。在教学过程中，函数极限部分的定理和公式极其适宜采用这种方法。

第二，切线分析法。这种方法是根据导数的几何定义，用曲线的切线来阐述定理的条件与结论。在微分学的教学过程中，此方法尤其实用。大部分微分学的定理结论，都能通过曲线的切线来进行解释和描绘，通过切线分析法记忆各种判定定理，能够有效地提升与加快学生对定理和公式的理解与记忆。

第三，面积分析法。这种方法是通过计算曲线梯形的面积和积分的几何原理来解析定理。这种方法特别适合在积分学中运用，例如，积分学中原函数存在定理、牛顿－莱布尼茨公式等，都可以通过面积分析法来解决。

3. 表格分析法

针对一些较难通过几何图形来解释的问题，可以运用表格分析法。

4. 解析分析法

通过分析学生所熟悉的特定案例来推出一般定理的引入方法，就是所谓的解析分析法。

（二）高职数学概念的教学法

高等职业数学主要概念涵盖了极限、导数、微分、积分等内容。由于数学的发展伴随着科技的进步，所以这些概念的诞生都源自实际问题的需求。显然，利用实际问题引入概念是必须的，也是自然的。实际上，高等职业数学的课本一直在这个方面努力，然而课本中的例题往往千篇一律，没有根据不同专业定制例题。因此，各个专业的教师需要找到适合自己专业的例题引入概念。在引入概念后，为了更好的应用，必须从数学的角度来强调概念的定义。当数学概念定义完毕后，通常课本就不会再训练学生对该概念在实际中的理解，而是直接转向运算练习，这导致学生在掌握运算的同时，却在需要用某个数学概念去描述自己的专业概念时感到困惑。这就是数学概念教学中存在的一个误区。

1. 从专业的角度引入、提出数学概念

通过选择与学生专业紧密相连的问题作为概念引导案例，采用了"走出去、请进来"的方法。所谓"走出去"，就是指在备课期间，数学老师主动去与专业课老师交流，请求他们提供在专业课中所运用到的数学概念和相关的思维方法，或者简要地阅读相关专业书籍来理解数学在专业中的应用。"请进来"则指将与专业有关的知识引入数学课程中，突出数学的实用性，使数学更能服务于专业课程。

2. 从数学的角度定义概念

使用专业案例来概括数学概念，然后使用数学术语对其进行定义，并给出相应的数学名词，这是高等职业教育数学教学的要求，也是进行更深层次数学运算的基础。

3. 从工程技术的角度给出概念的名称

在工程技术领域，一些数学理论通常被赋予某些专门的称呼，理解这些专有名称对于用数学来解决专业问题至关重要。比如，数学中的导数在工程领域常被称作变化率、瞬时电流强度等，许多专业概念都以"变化率"为基础来描述的。通过利用工程术语来阐释数学，可以帮助学生更紧密地将数学知识和专业知识结合在一起。

（三）高职数学计算内容的教学方法

在数学领域，计算的角色相当关键，这足以显示数学的应用性。只有精于计算，学生们才有可能解开那些数学问题。然而，有些计算过程相当烦琐，含有高技巧性，学生难以掌握。因此，为了应对这一问题，我们在教学过程中，会将人工计算和计算机运算相结合。

（四）高职数学应用性问题的教学方法

高职数学的应用性问题教学是高职数学课的重要组成部分。它不仅是数学与其他课程之间的纽带，更是提高学生能力的关键。因此，积极探索教授这部分内容的教学方法是高职数学教学改革的一项重要任务。我们初步在教学中探索出了一个应用性问题教学的方法——思想分析法。

1. 应用性问题教学模式

普遍的应用性问题教学方法是将各类问题依据科目如数学、力学、物理和天文学等进行分类，并在数学课程中进行讲解。然而，这样的方式导致学生只重视记忆公式，而忽视了与其他学科之间的联系，这并不能有效地提升他们的技能，与高等职业教育对于人才培养的要求并不匹配。经过对课堂教学的深入探讨和研究，我们改变了这一传统的教学分类方式，放弃了以学科为依据的分类，转变为以应用问题解决的数学思维为标准的新的教学模式。这种模式鼓励学生运用数学思想，而不是仅仅记忆数学公式，更加重视实际问题的解决。这种应用性问题的分类教学方法被称为思想分析法。这种方法的优点是它帮助学生不只是"学习"数学，更重要的是"运用"数学。

2. 应用性问题的教学法

在高等职业学校的数学课程中，应用性教学思想主要分为三个方向，分别是极限思想、导数思想和积分思想。当我们讲述具体应用性问题时，需要依据这几种思想去选择适当的教学方法。

（1）极限思想应用——概括教学法

极限思想又被称作无限趋近思想，已然是高等职业数学的最基本的思想方法。在实际运用中，极限思想主要用作解读微积分、定积分、二重积分等基本知识，以及推理出一些属性。由初等数学向高等职业数学的转换，研究对象和方式产生了明显的区别，因此为了帮助学生顺利适应这种转变，教学上使用了概括教学法。这种教学方法主要是教师引领，学生学习，以收集认知信息为主，其中教师的总结、概述发挥着关键的作用，目标就是让学生理解和掌握极限思想，这将对他们接下来的学习极其有利。

（2）导数思想应用——引导发现教学法

导数揭示了实际问题的变化率，亦即函数对自变量的变化速度。利用导数的概念主要是为了处理某些不均匀变化的变化率问题，所有这类型的变化率问题均可借助导数进行解决。在这部分内容的教学过程中，运用了引导发现教学法。引导发现教学法就是通过分析不同的素材，引导学生搜集和整理资料，从而找出其中的规律。此教学方法有助于激发学生的学习兴趣，提高创新能力。

（3）积分思想应用——过程教学法

应用积分思想主要是解决在特定范围或区域内非均匀分布的总体量问题。在利用积分思想处理相关问题时，我们首先会考虑"无穷"思想。这种思想是积分思想的基础，也就是我们是否可以将所求的总体量无穷划分为无比细小的部分，如果可以，那么我们就可以通过微分和积分两个步骤来求出总体量。为了确保学生能完全理解并运用积分思想，我们在教学过程中借鉴了过程教学法，我们相信这个方法可以在教学中满足应用积分思想的要求。所谓的过程教学法就是让学生参与并体验整个课程的思考过程，在过程教学法中，其自主性和思考性充分展示出将学生视为主体，鼓励他们主动思考的特点。

（4）思想分析法使用中应注意的问题

要将思想分析法与日常生活知识紧密结合。通过不同的途径展现与数学思想有关的知识，激发学生学习的热情并提高他们的学习欲望。例如，在运用导数思想解决问题时，可以加入彩电、手机价格战等实践内容，让学生明白为何彩电、手机的售价能持续下降且依然保持盈利的原因。在强调运用数学思想的同时，提升学生的问题解决能力，及时反馈，改善学生在思考和技术层面上的不足。

（五）要重视习题课的教学

高职数学习题指导课是单元性的综合课程，该课程旨在进行全面的复习和练习。作为教学过程中的重要环节，高职数学习题指导课被视为课堂教学的拓展和深化。习题指导课的主要目标是通过复习与答题来帮助学生进一步理解基础概念以及概念之间的关系。

1. 习题指导课的准备

在上习题指导课之前，首要的任务就是了解学生，包括了解他们在课堂上的学习表现、已经掌握的知识和尚未深入研究的部分，梳理学生的基本知识储备，理解他们的知识和技能层次，发现他们的需要，了解他们的学习风格和习性。基于对学生的透彻了解，我们需要有针对性地进行深度研究，根据研究结果预估他们在习题指导课中可能会遇到的问题和挑战，然后有针对性地准备教学材料。

2. 习题指导课教学的内容选择

上好习题指导课关键在于教学内容。习题指导课的内容应包括三个部分：

第一，复习和梳理本章的重点内容，突出重点、难点和疑点。在这个阶段，我们会尽量综合归纳教学内容，通过清晰的思路进行汇总，带给学生课程内容的新意，同时也使内容的易理解和易记。

第二，整理各类题型和对应的解题策略，对常见的题型和答题方法进行总结，使问题解决的方法系统化，能够有效地帮助学生学会解题策略，从而提升他们的解题能力。

第三，选择习题必须有针对性。挑选的习题需要全方位覆盖，即基础性习题，这样能让大多数学生都能理解；典型性习题，从而方便由此举一反三；理论性习题，帮助学生掌握基本理论知识；理论知识与实际应用相结合的习题，以此提升学生利用所学知识进行综合思考和解决实际问题的能力。

3. 先练后讲

习题指导课应该给学生更多的参与机会。在教学活动中，教师和学生都是主体。只有充分发挥学生的主体地位，才能成功地进行教学。为了充分拓展学生们的主导地位，我们必须给予他们更多的参与机会，使他们在课堂上成为焦点，从而激发他们的学习兴趣。在某些情况下，教师会是主导，进行直接教学；有时也会边教边练，师生共同探求答案；但更多的时候，以学生为中心进行讨论与分析，让他们能够表达自己的想法，然后由教师总结。具体方法包括：指定一些学生在黑板演算，其余的学生自己思考或同学之间讨论；在黑板上演算的学生做完某题后，其他认为有错误或有更好方法的学生也可以上黑板演算。待所有题目均完成后，教师再一一进行讲评，全班学生都会参与讨论，分析出错原因，纠正错误，教师与学生一同探讨是否存在其他解答方法，若有，比较其优劣，并将得出正确解答、思路独特的方法推荐给大家。

4. 作业总评

针对学生作业中经常出现的误区进行梳理和深入分析，能够提升他们解答问题的能力，同时也能让他们的思维更为严密。因此，在课堂讲解时，我们必须要强调学生在作业中存在的种种典型错误，并一一进行点评，让他们充分理解错误的根源，从中吸取经验教训，防止日后再犯同样的错误。

要想更好地掌握习题课教学，我们必须重视以下这些方面。

首先，我们必须专注于引导和提升学生的逻辑思维能力。逻辑思维能力涵盖了抽象与概括、分析与综合、归纳与推理的能力。其次，要注重发展学生的发散性思维。发散性思维推动学生跨越传统界限，大胆创新，从各种角度寻求答案。在这种思维驱动下，学生的思维活跃度将提升，不畏惧困难的挑战，变得越来越善于发现新思路。

在提升学生的发散性思维方面，需要注重在开始解题之前，先对学生进行启发以使他们能猜测并设想多种可能的解答方法，这样可以最大限度地激发他们的积极性，并指导他们进行深入探究，以找出问题的核心，寻找最优的解决方案。

# 第三节　现代教育技术与高职数学教学的整合与实践

## 一、现代教育技术与数学教学整合的必要性

### （一）现代教育技术的内涵

现代教育技术主要涉及运用现代教育思想和信息科学技术来设计、开发、利用、评价以及管理教育资源和教学活动，以实现教学的最优化。

1. 采用现代科技成果开发和利用教育资源

现代教育技术极大地借鉴和应用了许多现代科学技术的成果，不仅为教育技术研究不断注入了新的方法、新的理论和新的内容，也为教育技术的建设奠定了丰厚的物质和技术基础。基于传播媒体理论及视觉、听觉教育理论，将视听媒体的研究成果引入教育领域，有力推动了教育技术和手段的进步和发展。

2.利用系统方法和教育理论来研究和设计学习过程

教育技术以理论基础和方法论体系为核心，其主要目标是指导和优化所有与学习经验相关的实践行动。在教育技术学中，教学设计的目标是提升教学效果，而其所依赖的理论结构则基于学习理论、教学理论和信息传播理论。

3.利用现代先进的科技手段和信息分析技术，对教育资源和学习过程进行科学的管理和评价

科技进步使大量现代科技成果被应用在教育领域，这不仅极大地增加了学习资源，也给教育资源的管理带来了科学、先进的技术和方法。利用计算机进行信息处理，为评价和管理教学过程提供了便捷，使得这一过程更精确和更迅速。

现代教育技术旨在为学习者创造一个有助于观察、思考、比较的数字化教学环境，开发有利于创意教学的软件工具，培训富有创新精神的教育工作者，培养创新型人才。

（二）整合的必要性

创新的教育技术是引领教育观念变革的重要催化剂，然而，是否能借助这些先进、便捷的教育技术手段有效地达成教育目标，关键还在于人的素质，尤其是观念素质。唯有持有新颖观念的人在"思考和革新"教育方面使用先进的教育技术手段，其价值才能得到充分展示。

整合现代教育技术和数学教学的基础条件是教育观念的改变。在传统教学中，现代教育技术课程主要是信息技术知识的教授，与其他学科没太多关联。教师只是沿袭传统教育的方式，对学生进行教科书知识的教授，将知识细化为各个章节，只要教完这些章节就认为完成了教学目标。而在将现代教育技术与数学教育整合的过程中，教师需要对旧有观念进行更新，避免在现代教育技术与数学教学之间划定界限。现代教育技术与数学教学应该相互

紧密联系起来，将数学知识有效地整合到现代教育技术中，以提升数学教学效果和学生的学习效能。

教育工作者必须深度分析和探讨如何将最新的教育技术与传统教学方法相结合，优化教学效果。比如，一个值得深思的话题是如何实现屏幕展示和板书之间的均衡。在数学教育中，教师通常会将所有板书内容输入计算机，然后通过各种途径在屏幕上进行展示，这种做法把计算机仅当做高级投影仪来使用，不仅浪费了资源，而且可能会给学生的学习带来很多困惑。

数学是强调逻辑的学科。板书的内容需要逐步展开以供学生反思，否则会难以吸收。依赖电脑屏幕瞬间展示结果，缺乏过程和思维连接，影响教学效果。学生的思考速度各不相同，单靠屏幕瞬间展示，有的学生无法把握数学知识的含义，尤其当显示速度过快，学生无法记下未被理解的部分。教师的板书让学生有了思考和提问的时间，相比电脑屏幕展示的形式，这样的方式更为有利。

教师在数学教学中，需结合课程实际与学生的整体情况，应用现代教育技术进行课程知识的塑造及创新，并利用现代教育技术交互方式做整合，进一步开发出适应学生的学习资源。他们需要指导学生把现代教育技术当作获取数学知识、探究和解决问题的手段。这种综合方式使现代教育技术在数学教育中的运用不仅是教师演示和教导知识，也助力学生对知识进行重构和创新。

1. 提供理想的教学环境

现代教育技术提供了一个融合了多媒体、网络及智能化的交互性、开放性的教学场所，这一场所不仅包括了高等职业学校的校舍、教室、图书馆、实验室、运动场和居住空间在内的学习场所，也兼容了学习资源、教学模式、教学策略、学习气氛、人际关系等多种要素，从而极大地丰富了数学教育的环境。

2. 提供理想的操作平台

现代教育技术结合了文字、音频、图像、影视和动画等多种信息展示手段，为高职数学教学创造了完美的操作平台。

第一，现代教育技术的扩展功能使教学内容超越教科书和辅助教材的束缚，实现了教学资源的多元化。

第二，现代教育技术的再现功能使我们能够模拟抽象和微观过程，进行动态和瞬时现象的定量分析，使教学内容变得富有趣味和生动性。

第三，现代教育技术的虚拟功能让教学内容摆脱了大部分文字陈述，让学生有机会深入微观和宏观的世界。

第四，现代教育技术的集成功能提供了多种学习情境，创造了丰富的刺激，有助于学生的学习和记忆。

第五，现代教育技术的超文本功能实现了最佳的教学信息组织和表达，使过去无法实现的教学设计变成可能。

第六，现代教育技术的交互功能实现了"人—机"和"人—机—人"的双向交流和互动学习。现代教育技术使教学更加生动和真实，提升了数学模型思维层次，并将数学家脑海中的"数学试验"变为现实。

3.构建新型的教学关系

现代教育技术引发了教学关系和师生关系的转变，建立了一种民主、平等和创新的教学模式。教与学的界限变得不再明确，教师与学生之间的相互关系变得更为和谐，学生对教师的敬畏感有所减退，师生之间的交流更加平等和自由。

4.更好地实现教学的互动与合作

教学的核心应是师生的互动过程，由教师、学生、教学工具、教学环境组成了复杂的教学网络，注重教学的多元互动，提倡师生合作。现代教育技术的加入，给教学的多元互动与合作带来了新的机会。

5.有利于学习形式的个性化

利用现代教育技术能够促进学生的个性化学习形式。在教育的数字化环境下，诸如老师、课堂、教科书等都可根据需要做出相应的调整，学生可以根据自身的能力、兴趣以及需求来选择教师，设定自己的学习目标，选取学习内容，并规划和调节自己的学习进度、进行自我评价，这样便能较好地满足他们的需求，进而为提升学生的主体性提供全新且方便的方式。现代教育技术的发展，创造了一整套丰富的数学教学与学习资源，所有这些资源都是以人类联想思维方式的超文本形式组织起来的。

## 二、现代教育技术与数学教学整合的原则

为了避免现代教育技术与数学教学出现割裂，我们必须确保现代教育技术在数学教学的目标、内容、资源、结构、评价等各方面都能够得到应用。数学教学的改革应当以现代教育技术为基础，同时现代教育技术也应为数学教学提供所需的支持。因此，在整个整合过程中，我们需要遵守一些基本原则。

（一）理论与实践相结合的原则

从目前的情况看，对现代教育技术与数学教学整合的研究尚待深入。

教育理论家在探讨现有的教育方法时往往满足于表面化和简单化的解释，而专注于教育技术的专家的探讨主要集中在技术性的领域内。由于缺乏实用的理论支持和坚实的技术应用能力，一线教师的教学方式常常表现出浅层次和形式化缺点。作为教学一线的数学教师，他们拥有最真实、最直接的实践经验。因此，他们在将理论应用到实践中担当着关键的角色。教师需要致力于加强对数学理论和方法的研究学习，同时在教学实践过程中结合数学的独特性，必须找出理论和实践的最佳结合点和应用时机。他们应该努力增强优势，弱化劣势，使现代教育技术和数学教学能够并肩前进，实现最好的整合。

（二）研究性原则

将现代教育技术与数学教学整合应考虑学习数学的发现和探索过程的原则。这需要通过现代教育技术来展示数学知识的发展，重视对数学知识的挖掘、应用及转化。

（三）主体性原则

应用现代教育技术于教学环节，使用活泼的图表和音视频信息引发学生学习的激情，激发他们的思考，为他们构建一个富有想象力的学习环境。然而在使用这些工具的时候，我们必须始终注重发挥学生的主体性，因为现代教育模式就是要协助学生强化和巩固他们的主体性，使他们逐步成长为社会活动中的行为主体。我们的教学目的应该是唤醒学生积极探索知识的动力，提升他们的主观意识。只是盲目地让现代教学工具占据整个教学过程的话，虽然表面上看上去可能很花哨，但实际上学生就被视作一个可以随意灌输知识的"容器"。假如学生时刻保持在被动的教学情境中，他们的学习效率肯定会大幅降低。

（四）主导性原则

教师引入现代教育技术后，只需简单点击鼠标，就能依照预设的播放顺序播放课堂教学内容。但这随之产生了一个负面影响：为了遵循预设的播放顺序展示准备好的教学内容，教师会极力将学生的思考导向既定的流程，这实际上解构了"以教师为中心"的教学模式，转而以多媒体设备为主导。

## 三、现代教育技术与数学教学整合的策略

现代教育技术与数学教学的整合是一次重大创新，为了确保这个创新的顺利推行，在进行整合的时候，必须谨记以下策略：

## （一）从更深的层面整合信息技术和数学教学内容

引入信息技术可能会引发数学教学内容和模式的转变。这种转变可能是微小的，也可能是深远的，这完全依赖于教师的观念。教师可能只将信息技术视为课堂教学中一种呈现知识的方式。显然，这与用黑板进行板书没有本质的差别。

整合的关键并不在于技术，如果我们的整合的程度相对表面，那主要不是因为我们教育设备的先进程度无法与他人相提并论，也不因为我们对技术信息的理解无法达到他人的水平，而在于我们将过多的时间和心思投入到如何制作图像精致、色彩鲜艳的教学课件，并因过分展示技术而忽视了数学思想与方法的教育。数学教育的目的，不是让学生学习一大堆公式，或者记住一大堆数学符号，而是要体验到一种严谨的逻辑思维方式。

## （二）加强现代教育技术和教育理论的培训

加强教师在现代教育技术和相关教育理论方面的培训，是推动现代教育技术和数学教学整合的基础。现代教育技术是物化技术和智能技术的结合，要实现其与数学教学的深度整合，教育理论的培训固然必要，但对现代教育技术的培训更为关键，要让数学教育工作者熟练掌握这门技术，这样既能够在熟练使用物化技术的同时，也能提高对现代教育技术思想与理论的理解，由此更好地理解现代教育技术，使其真正应用到数学教学实践中，以此推进现代教育技术与数学教学的有机整合。

## （三）根据学习内容选择相应的媒体

现代教育技术与数学教学整合的初衷，是希望改善教学过程，进一步加强教学工作，提高教学的品质和效率。如何适当运用各类媒体，怎样选择能充分唤醒学生学习热情的媒体，恰当地解决学习的困难和疑问，从而达到事半功倍的效果。我们必须以数学教学内容为根本，参考学生的已有知识基础、理解能力和心理发展特性，结合不同学生的需求，对各类媒体进行比较、筛选，选择最合适的媒体。如果离开了实际的教学内容，仅仅盲目追求新颖和多样，反而可能影响数学教学的效果。

（四）增强应用信息技术的意识

教师专业成长的方向应在于综合性发展。学习和应用信息技术能够助力教师更优秀地成长，它不只是扩充了知识，增强了综合能力，也提升了整体意识，甚至能改变教学理念。提升教学质量永远是我们的最终追求，学习和运用信息技术只是我们为了更好地达成这个目标所采用的策略。如果一个教师的解题能力弱，对数学观念的理解浅薄，教学设计和课堂教学技巧等基本教师技能还在成长阶段，很难想象他能进行信息技术与数学课程的深入整合。

## 四、将现代教育技术应用于高职数学教学的实践

（一）现代教育技术对数学教学的意义

借助现代教育技术进行授课，可以把过去的抽象而乏味的教科书变得有趣，用图片、动画等多种形式更直接地展示，能激发学生的学习兴趣；可以直接揭示高职数学中的各种几何空间关系；通过节省时间，可以在课堂上提供更多的学习信息，进而提升教学效率；在高职数学多媒体教学中，这种方式有助于灌输数学建模的观念，培养学生使用数学来解决实际问题的能力；此外，这种方法还可以创造舒适的教学环境，降低粉尘污染。

1. 有助于增强学习兴趣，提升教学效果

学生的学习动力往往来自于他们的兴趣。然而，并非每个学生都对数学有浓厚的学习兴趣。新奇事物和未经涉猎的领域常常能引发学生的好奇心，满足这些好奇心往往是激发他们学习数学

的重要方式。可惜，许多传统的教学方法和当前的主流教育形式都过于拘泥于教学大纲，剥夺了学生接触多样学习资源的机会，使他们在枯燥乏味的课堂和教材中失去对数学的学习兴趣。在这种情况下，引入多媒体信息技术的课堂教学可以利用其丰富的视听效果、动态变化、直观形象的特性，为学生提供各种生动的情景模拟，从而激发他们全面参与学习的积极性和兴趣。这完全展示了多媒体信息技术在教学中的关键作用。在课堂开始时，利用多媒体技术构建一个新颖而有趣的教学情境，能使学生全神贯注，以最高的热情投入新知识的学习中。

通过利用多媒体技术构建各种应用情境，带给学生各类知识运用的可能性，也有助于维持他们的兴趣。一旦激起学生的学习动力，需要利用多元化的手段保持他们的学习积极性。特别是在巩固和强化知识的阶段，靠传统的教授方式完成各式的训练可能遇到困难。在教学过程中，往往训练的目标虽然没有偏离，但由于训练的力度不足或者因为训练的模式单调，学生的兴趣难以长期保持，这可能有碍他们的能力提升。

2. 助力学生进行探索发现和创新能力培养

实际上，数学的学习是在教师的引导下，学生深度分析和探索解决数学问题的过程，从而扩充知识并创新。因此，教师设计和挑选数学问题是数学教学中的关键。问题是源于特定的情境，所以在教学过程中，教师构建情境是教学的重要部分。如今，现代多媒体技术如网络信息、教学软件等提供了大量的情境资源。在空间几何学习中，需要丰富的空间想象能力去理解旋转曲面和重积分等概念，这些概念都涉及到空间区域。这对高职学生来说是一直存在的困难。在传统的教学模式下，教师在黑板上画出这些空间形状，这样既浪费时间又效果甚微。

显而易见，传统的教学方法无法达到多媒体信息技术创设情境的效果。

3.有助于学生学习技能和积累经验，增强学生的实践操作能力

数学以其严谨性、逻辑性、精确性、创新性和富有想象力的属性而成为一门独特学科。数学教育的目标就是在教师组织的教学活动或提供的环境中，让学生通过积极思考去逐渐了解并掌握这门学科。因此，展现思考过程并激发学生思考，就成为了数学教学特有的要求。多媒体信息技术在数学教育领域中拥有巨大的潜力，在教学过程中，通过引导学生有效利用多媒体信息技术进行学习，不仅可以帮助学生提升技能和经验的获取能力，增强他们的思维能力和理解能力，同时也能唤醒他们的积极学习的热情。

4.有利于降低教师的教学负担，提高工作效率

在教学准备阶段，教师必须参考大量相关的参考资料，即便庞大的图书馆也只能提供有限的资源，更不用说教师需要逐一查找和翻看，这个过程浪费了大量的时间。然而，互联网信息提供了无尽的教学资源给教师，他们通过简单输入网址并下载，就能够迅速地得到自己所需的资料，极大地节约了备课时间。随着计算机软件技术的快速发展，已经为教育工作者提供了一个巨大的交流平台。大批的操作训练型软件和计算机辅助测试软件的出现，让学生在实践和测试中加深对学过知识的理解和掌握，这也决定了他们接下来的学习方向，实质上实现了一对一指导的教学方式。

（二）现代教育技术在高职数学教学中的优势

1.可以清晰生动地描绘出各种几何空间关系

高职数学的多媒体教学方法能将抽象的几何空间关系具体化，这也是其独特的魅力所在。例如，通过使用 CAI 软件模拟那些在实际生活中难以精确看到的形状，动态显现复杂函数图形、曲线、曲面的构造过程，以及空间图形位置的改变和空间曲线、曲面、立体图形的形成过程。这种模拟过程准确无误地展示了从点到线，

再由线到面，最终构成立体空间图形的全过程，使通常复杂难懂的空间关系变得简明易懂，更加符合学生的认知模式，从而使他们更容易掌握。

2. 转变单一的教学方式，使抽象的教学过程充满活力和生机

高职数学课程被广大学生视为抽象、枯燥。但是，由于引入了多媒体教学方法，教学环境和气氛变得活跃且多姿多彩，图像和声音丰富有趣。依照不同的教学内容和环节，可以适时轻松地融入课外知识，拓宽学生们的知识领域。例如，在描述极限和导数、牛顿－莱布尼茨公式等内容时，通过课件中的超链接展示柯西、魏尔斯特拉斯、牛顿、莱布尼茨等数学巨匠的生活照片，引述微积分的发现历程等背景知识。这种方式不仅方便学生了解数学历史，也能够消除他们对高职数学学习的畏惧，激发他们的学习兴趣。

3. 有力于帮助学生理解并运用抽象的概念、定理和公式，增强学生的学习积极性

多媒体教学能有效地把乏味且抽象的学习内容，以图形、动画等方式转换为更直观明朗的形式。以高职数学的数列部分为例，这通常是难点，学生在初次接触时因为数列的抽象、复杂、枯燥，常常会感到畏惧。然而，使用多媒体教学资料进行数列无限变化的动态演示，使学生们对数列的变化规则有了更鲜活的认知，进一步了解到数列极限概念的讨论就是基于无限变化这一思想。

再以定积分、重积分以及线、面积分的概念为例，这是高职数学中的重点和难点。这个概念是通过复杂的极限来解释的。利用 Powerpoint 的高效动态演示功能，把定义中的"任意分割、任意选取"转为动画形式呈现给学生们，从而让他们能够更直观和深入地理解积分的核心要义，让抽象的概念变得具体和生动。一旦理解和掌握了抽象的概念、定理和公式，学生们就会更有兴趣学习。

4. 可以节约时间，增加课堂的信息量，提高教学效率

教师在授课时，如果使用多媒体来呈现事先准备好的课件，就无须再在黑板上手写，这不但能省下大量的时间，还可以增加教学内容，提升教学效率。目前的高职数学教学现状显示，一方面，课时不断被削减；另一方面，随着上课时间的减少和课程内容的增加，数学建模和实验已经变成了教学的重点。根据教学大纲的规定，确保教学质量至少不低于之前的水平，甚至需要持续提升。多媒体教学方式正好满足了这样的要求。

5. 能够引入数学建模思想，锻炼学生的问题分析和解决能力

现在，高等职业教育的焦点落在素质教育上，而最关键的学科是数学建模和数学实验。为了在所有的数学课程中融入数学建模的思想，我们正在探索多种有效的策略来提升学生的问题分析和解决技巧。

首先，多媒体教学的应用节省了课时，这为在数学课堂上引入数学建模创造了可能。

其次，大批数学工具软件例如 Mathematic、Matlab、Lingo、Lindo 等的出现和使用，让数学建模思想在高职数学课程中真正落地生根。在高职数学课的教学内容中不乏近似运算的部分，同时还涉及到极值求解、函数逼近以及微分方程等，这都是数学建模的绝佳应用实例。理论与实践相结合，学生们逐渐掌握了所学数学知识的实际应用价值。清晰的学习目的让他们的学习动力得到了提升，同时，他们在分析问题和解决问题的能力方面也有了显著的进步。

6. 能够打造整洁卫生的教学环境，降低粉尘污染

利用多媒体进行授课有助于创造一个清洁卫生的学习环境，大大降低了粉尘污染。多媒体授课方式不再需要传统的板书，这不仅节省了时间，减轻了教师的工作压力，同时也清洁了教学环境，降低了粉尘污染。粉尘污染对于老师和坐在前排的学生来说

影响尤为严重，现在的无尘粉笔实际上并不是真正无尘的，通常学生们都不愿意坐在前排，但为了能更好地听课，勤奋的学生们也只能忍受粉尘污染坐在前排。

## （三）现代教育技术在高职数学教学中的积极作用

### 1.信息技术对数学教学的影响

教学技术的主要工具已逐步从传统的黑板和粉笔转变为以电脑技术和网络通信技术为基础的信息手段。现代信息技术用于教学，不仅革新了教育的实质内容，同时也促进了教育智能化的演变，使教学融入现代教育理念和教育方法。借助计算机与数学之间独有的联系，数学教学的信息技术不再只是演示阶段，而是已经进入智能化参与阶段，对数学教育的影响已经从形式到内容都发生了转变。

### 2.转变数学教学的重点

长久以来，数学的教育过程中过于强调具体知识技能的讲授，而忽略了对思维方式和能力的培养。培养的学生普遍偏向于推理而非抽象归纳，擅长模仿却缺乏创新，更倾向于机械的思考方式而非辩证的思考方式，尤其是他们缺乏提问的能力，不会从日常生活中找寻数学问题，也不擅长利用数学工具去探索未知的领域。

随着计算机技术深入人类生活，大部分算数、代数运算和几何公理的证明已被计算机取代。对于"数学是什么""我们应当教授的数学内容是什么"等问题的思考，已经开始改变现有的数学教育发展重心。在信息技术不断发展的大潮下，学生必须投入更多时间去思考和理解数学的本质，去担负一些更需要智慧的任务，如发展学生的提问能力，把主要精神集中在巧妙设计解决问题的基础策略上，强化学生对数学应用和价值的判断等，旨在帮助学生更深刻地思考和感受数学。

### 3.对高职业数学教学模式的影响

将现代教育技术融入数学教育过程中，以计算机辅助创设教学场景，为学生提供进行假设、分析、推断、总结和创新等思考活动的必要学习条件，确保教学策略的设定立足于更符合学生深度学习需求的基础之上。借助计算机的介入，课堂从传统的"教师—知识—学生"的三维结构，向着"教师—计算机—知识—学生"的四维结构转变。计算机作为课堂的新增角色，改写了教师和学生原有的地位和职责。对教师来说，需要对教学模式作出重新设计，将生动的讲解与计算机多媒体的强大展示效果相结合，从数学知识的解释者转化为数学探索活动的推动者。其主要目的是确保每一位学生都能积极参与，并按照既定目标持续发展。

教学模式的多元化是由于在教学过程中教师、学生和计算机各自扮演的独特角色和责任所产生的，而计算机辅助教学就是一种教师和学生通过与计算机的交互进行教学的教学形式，这其中计算机被当作是一个教育工具。

常见的有以下模式：

（1）课堂示范模式

在 CAI 教学中，课堂示范模式作为一种主要的教学模式常被应用。教学过程主要由教师主导，充分运用计算机和各类影音设备来展示教学内容，旨在传递知识给学生。该模式现如今得到了广泛应用，是一个融合信息技术的教学模式，易于理解并被接受。

（2）计算机网络教学模式

该模式将学生置于主体位置，依赖于网络计算机进行集中学习，强调了建构主义的学习理论。网络所提供的信息资源构建了学习与交流的基础，由此，数学转变为人们相互交流的媒介。这种教学模式是将信息技术整合到数学教学带来的革新型教学模式。整个教学过程融合了教师和学生以及学生与学生之间的交互活动。在这个环境中，教师同时扮演着组织者和指导者的角色，参与教学过程。学生变成了学习的主体，并以计算机作为他们获取知识的途径。

# 第二章　高职数学教学内容与方法改革

## 第一节　高职建筑专业数学教学改革

### 一、结合建筑专业人才培养目标进行高职数学课程深度改革

首先，对话建筑专业教师，了解高职数学和相关专业课程的关联性，理解各专业课程对于高职数学内容和深度的需求，同时，借鉴已经进入职场的学生的反馈，基于高职数学对其未来职业发展的影响，重新设计高职数学的教学内容。

其次，按照教学实际和专业需求，构建面向专业问题的情境，以引发高职数学在这个专业中会接触到的知识点。这样，学生能明白数学对解决专业问题的重要作用，尤其是他们主动学习的情况下。例如，在建筑力学和建筑构造中，学生有可能需要计算操作中梁的稳定性，或者评估构件是否符合现场施工对材料强度、硬度和稳定性的需求。在面对此类专业问题时，需要运用极限思想和"变化率"的导数问题。再如，在学习地基和基础时，估计地基沉降量是重点和难点，要想解决这些问题，学生必须熟悉并掌

握定积分概念与积分思想等。对建筑专业来说，对职业数学的需求极高，需要我们精心设计和研究。

再次，每周安排半天时间配合建筑专业教师进行教研活动，从数学思维的视角提出教改建议，聆听专业教师以专业观点提出的意见，利用节假日时间主动参与建筑专业相关的培训及实训活动。

最后，为了适应学校建筑类专业的需求，组织编写校本教材。考虑到现有的大多数高职数学教材只是对本科教材的简化，并不能满足学生的实际学习需求，而且存在许多因编著人员自身水平限制而产生的问题。通过深入调研和专业教师的座谈，我们发现建筑类专业涉及的数学计算内容相对简单，更侧重于对数学思想和概念的理解和运用，而非仅仅依赖计算技巧。也就是说，学生必须对数学概念有深入的理解，才能更有效地解决专业问题，而非仅仅依靠某个具体计算式的求解。从学生的实际情况出发，根据建筑专业人才培养的目标，考虑到建筑专业和高职数学的关系，我们编写了《工程数学》校本教材。该教材更能够贴近学生的实际状况，并根据学生的能力在概念上给予适当的定义，提出不同的学习广度和深度要求。

## 二、高职院校建筑专业数学教学改革中的问题

建筑专业的主要任务在于培养掌握施工操作、组织以及管理的才能的人才，这些人才除了具备出色的实践技能和优良的职业道德外，还需要有持续的学习能力和良好的工作适应能力。他们主要的服务对象是建筑施工企业，要满足施工现场的需要。高职数学作为一门必修的基础学科，不仅能强化学生的综合能力，还要培养他们的抽象思维能力，是建筑专业的学生学习专业课程的基本工具。这门课程提供专业的学习必需的基本知识和方法，以支撑他们的学习需求。因此，高职数学的教学可以帮助学生形成

科学的工程思维模式，从而保证他们能全面分析和处理工程技术问题。而专业的工程技术课程可以提升学生的专业技能，扩展其理论应用的范围。这两者是相互补充的，缺一不可。

尽管如此，目前为止，大多数高等职业学校仍然坚持传统的教学方式，主要强调数学定理的验证、公式推导和习题训练，没有足够强调数学在现实情境中的应用，忽视了数学实际上来源于生活，大量的数学定理、公式和模型都能在日常生活中找到其工程应用的依据。学生们未能理解学习数学的真正目的，对于数学与专业课程、数学与实际问题之间的联系缺乏深入了解。由于数学涵盖了大量的基础概念，计算繁琐，内容抽象，许多高职学生因为基础知识薄弱，对学习数学感到困难。明显地，传统的数学教学方式并未考虑到学生的实际需求，没有将数学知识与专业学习相联系，无法引导学生将所学的数学知识运用到工作或生活中。如何使高职数学在建筑专业教育中以更有效的方式帮助建筑专业学生思考、分析和解决实际工程问题；如何在人才培养过程中做到有的放矢，培养出更多满足社会需求的高级建筑工程人才，这些都是当前高职数学教育面临的紧迫问题。

在工程研究领域中，数学被认为是一门至关重要的基础学科。然而，在高职院校的建筑专业中，为什么会有与其他学科教学脱节的状况出现？这需要我们深度挖掘这个问题背后的各种主观和客观因素，并利用科学发展的思想来指导高职数学课程教学改革。学校、教师和学生这三个层面都应被考虑到数学教学问题的探索和分析中。通过与建筑专业的领导、教师和学生进行深度互动和讨论，我们可以深入了解和剖析问题的各个层面。以高职院校建筑专业的教师和学生为调研对象，制订出相应的调查问卷，以便找出问题存在的具体原因。

①在与建筑专业领导深度讨论之后，发现领导们确实承认高职数学在培养学生的思维能力和提高整体素质方面充当了关键角

色。然而，他们对于将数学作为一个工具与专业课程和实际问题的关联系并不清楚，因此无法给予数学课程应有的重视。甚至有些领导还建议减少高职数学的授课时间，认为这些时间应当用于专业课程的学习，他们完全忽视了数学在帮助学生更好地理解专业课程方面的关键作用。

②通过与专业课教师的交流和讨论，了解到他们希望学生能彻底明白并熟练应用高职数学课程。这不仅是为了锻炼学生严密思维和解决问题的逻辑，也能为相关的专业课程的学习打下坚实的基础。以"建筑工程测量"为例，在学习这门课程的过程中，要使用到高职数学的相关知识来处理水准、角度测量、经纬仪和全站仪等问题。除此以外，"建筑工程造价""概预算""审计"等课程的授课与数学密切相关，一些操作软件的使用也需有良好的数学基础。建筑专业的学生普遍认为，高品质的高职数学教学对于学习专业课程极其关键，并且高职数学课程是学习专业课程的必修课，这对专业课程的学习有一定的辅助作用。同样，学习建筑专业课程也能帮助理解高职数学的一些理论知识。

## 三、高职院校建筑专业高职数学教学改革建议

在高职院校深化内涵建设的过程中，如何创新办学特色并培养出优秀应用型人才，成为高职教学改革关注的主要议题。而对于基础课程如高职数学，如何与专业需求进一步结合并服务于专业的发展，其重要性显然不言而喻。尽管在过去的数年中，高职数学教育工作者已进行了各种有益的教学改革尝试，然而数学的教学内容和教学模式仍未有实质性的发展，无法满足不同学科发展和工程技术教学对数学的需求。特别是对于高职建筑专业的学生，如果数学理论基础和计算能力不扎实，将会严重阻碍他们对专业课程的深入学习，同时也会影响他们的后续职业发展和深造学习。因此，基于以上对建筑专业高职数学教学情况及存在问题

的分析，我们建议从学校、教师和学生等各个方面入手，对高职数学的教学进行相应改革，具体建议如下。

（一）学校方面

①领导应该认识到高职数学课程的重要性，明白数学这门基础课程不仅可以提升学生的综合素质和抽象逻辑思维能力，还能促进专业课程的学习。

②数学课程应该恰当地融合与数学建模、数学软件相关的内容，然后采取更加现代化和方便的方式来处理与数学有关的问题。比如，我们可以开设"大学数学实验""数学模型"等课程，并配合相关软件的教学。

③针对高职数学的课程安排，可以考虑指定固定的教师来对不同的专业进行教授。对于教授数学的教师，可以通过一系列相关专业知识的培训来使他们更深刻地理解建筑专业知识，从而更好地将专业知识与数学教学相融合，帮助学生更深刻地认识到数学在专业和实际生活中的应用。

④设立数学建模小组，积极参与国家或者省级的数学建模竞赛。开展数学建模培训是实践型人才的培养需要，是对学生整体素质提升的需要，也是数学教学改革的需要。因此，学校需要尽快设立数学建模小组，积极报名参与各类数学建模比赛，通过这样的竞赛来激发学生学习数学的热情，并提高学生的多方面综合能力。

（二）教师方面

①提升数学教师数学专业学识的修养，"为学生提供一杯水，自己得有一桶水"。因此，只有在数学教师自身的知识综合性和深度足够的情况下，才能够深入浅出地教授学生，使学生能够系统、全面地掌握数学知识。

②数学教师要积极参与各专业的教学研讨，就各专业对数学各环节的需求进行深度的讨论和研究。他们应设立目标，力图成为理论知识和实践技能兼顾的"双师型"教育者。他们需具备深厚的数学学识和出色的教学能力，同时要有优秀的应用和操作实践能力，以及将数学知识与专业知识融会贯通的能力。

③采取启发式教学法与传统的授课方式相结合，鼓励学生主动参与学习，通过小组讨论来攻克学习的重点和难点。由于大部分学生对高职数学课程的重视程度不足，学习态度也不甚积极，所以我们决定把课堂主导权还给学生，让他们成为课堂的主体。在这个过程中，教师扮演的角色是组织者和引导者，旨在激发学生主动思考，使他们能够真正领会数学知识。

④凭着对专业知识的基本理解，将数学课程划分为基础单元和应用单元两个部分。在基础单元中主要讲解数学的概念、定理以及基本的解题技巧；至于应用单元，就要求在专业课程中将所学的数学知识融会贯通。

（三）学生方面

①积极参加数学建模比赛，扩大自身的知识视野。数学建模不仅有助于提高学生的自主学习能力、信息获取能力、团队合作能力，还有助于培养学生运用数学知识进行综合分析、推断和计算的能力。参加数学建模是将数学学识付诸实践的最高效、最省时的方法，赛事经历能促使学生在能力、素质和心智上实现大幅进步。

②对每一堂数学课的教学给予足够的重视，与教师积极配合，成为课堂的主导者。在学习专业课程过程中，将数学视为一种工具，以此更深入、更清楚地理解专业课程的内容。

（四）教学方面

①教学方面应由过去注重学生的基础知识和解题能力，转向对数学文化和数学思想的理解。数学思想是在解决数学问题时体现出的基础观念和核心理念，它涵盖了对数学概念、命题、规则、方法以及技巧的深层理解，是数学学习中的智慧和精华。因此，数学知识的应用虽然具有短期和暂时特性，但掌握数学思想却是长期甚至是一生的，对于学生的职业生涯和人生成长影响深远。

②加强与专业知识的深入融合，提升数学的应用程度，一方面，要保证提供学生专业学科所需要的基本理论；另一方面，要满足学生职业发展的技能需求。作为高等职业教育的数学教师，要深入理解专业学科的深度和广度，必须真实了解学生的学习情况，精心设计适合的专业问题情景，或者将数学知识与相关专业应用实例相结合，让学生直接感受数学的实际应用。以下是常规的两种教学策略：第一种教学策略是先从知识点出发设计专业背景实例，然后按照解决专业问题分析任务，在解决问题的过程中引入所需的数学知识，最后解决专业问题，并提炼和应用数学思维；第二种教学策略是先根据简单的知识点构建相应的微课，学生根据微课的内容进行课后学习交流，同时建立微信互动平台，掌握学生的学习情况和共性问题，然后根据学生反馈的问题进行课上的重点讲解，最后引入专业案例，合作解决专业问题，体验数学的实际应用。在讲解知识的过程中会根据知识点的不同，灵活选择不同的教学策略。

对于如何结合高职数学教学改革与建筑专业发展的研究，总的来说，还有很长的路要走。因此，教育工作者需要在未来的教学过程中，持续寻找将高职数学教学与专业教育紧密结合的方法，从而真正达到使学生全面发展，提升他们运用数学知识解答专业问题的能力，并为他们的未来发展奠定坚实的基础。

# 第二节　高职"计算机数学"教学内容改革与实践

## 一、高职"计算机数学"教学改革设计

在计算机专业的高职人才培养过程中，数学教育十分关键。它既提供学生进行专业课程学习所必备的数学基本知识，又向计算机应用注入核心的数学思想和策略，更进一步营造出一个对该专业学生提升数学素养有益的环境。

### （一）教师教学观念的更新

#### 1. 正确的高职数学教育价值观

高职院校的数学教师都受过系统、完整的数学教育，他们的教学观念和教学思想也深受影响，在教学中强调数学知识的严谨性和系统性，强调运算技能和解题技巧，希望通过数学课程的教学尽可能多地把高职数学知识都传授给学生，希望学生能掌握好高职数学中的基本概念、定理和解题方法等。

但事实上，高职学生由于生源的层次较低，大部分学生都没有很好的数学基本功，要他们系统地掌握高职数学知识是有难度的。所以，教授高职数学的教师必须调整教学理念，明确认识到高职数学教学的目标不仅仅是提供一些适用的专业数学知识，更关键的是教导解决问题的数学思维方式。他们应降低对数学知识的系统性和逻辑严谨性的侧重，转而将思考的重点集中在如何根据高职学生的实际学习情况以及专业人才培养的目标来改

革教学。

从总体上看，高职数学教学方向不能简单模仿高中数学的专注于"双基"训练，也不应全面复制本科教程的系统化方式，但在专业性、对具备"职业"能力的人才培养方面，高职数学教学发挥着更大的作用。

2. 以"思想方法"为教学立足点

"数学思想方法"作为数学知识的核心，不仅是数学素养的主要构成，也是将数学知识转变为实践能力的纽带。诸如数学的形式化原则、公理化方法、求简理念、模型搭建、精确的数量分析标准等，这些都是人类认知方式的核心，被誉为科学方法的典范。

高职学生学习数学并不仅仅是为了了解数学知识，因为毕业后他们主要在第一线生产工作，实际直接应用数学知识的机会很少。但是在数学的学习过程中，他们掌握的数学思想方法对他们未来的成长起着关键作用。这些思想方法可以让他们在不同的领域中运用数学的思维和理性的态度去洞察世界，提出和解决问题，这对他们是终身受益的。高职数学教学应强调"数学思想方法"的引导，教学当中要注重将数学思维融入其中，以解题为导向，加强数学思想方法应用意识的培养。针对"计算机数学"这门课程，教师应兼顾计算机专业的特性和学生的实际情况，深入解释数学基础知识及其基本理念，以算法和程序思维为主线，充分利用 N-S 流程图，直观形象地揭示数学思想在计算机中的应用；要注重实践教学的设计，特别是算法设计和编程实践；着眼于提升学生利用计算机解决现实问题的技能，使数学知识、数学思想与计算机应用能力深度融合。

3. 明确的课程定位和教学目标

高职数学课程的任务主要分为两个要点：一是在高中教育水平基础上深入理解和掌握课程基本知识，提高基础的数学能力（包括基本算术能力、使用基本计算工具的能力、逻辑思维能力和简单实用能力），从而加强数学素质；二是为学生的专业课程学习提供必要且充足的资源，使他们具备学习专业知识的基础和能力。这也正是"高职数学"在高职教育中作为文化基础课程的功能所在。

然而，"计算机数学"课程与"高职数学"课程有共同之处，也有区别，"计算机数学"课程是文化基础课程，但比"高职数学"更应该具有专业性和职业性。

因此，"计算机数学"课程应是高职计算机网络技术、信息安全技术、计算机信息管理等专业的职业基础课程。"计算机数学"为计算机专业学习者提供必要的数学基本知识，为其他相关专业课的学习带来必要的数学思想方法，同时也创造出必要的环境以促进计算机专业学生的数学素质提升。"计算机数学"的教学目标应体现在三个层次上。

（1）知识目标

通过"计算机数学"课程的学习，使学生掌握数制转换、数值计算与算法基础、一元微积分、矩阵、概率、初等数论、布尔代数、图论与数据结构等相关的数学理论知识，以及相应内容的程序语言，为专业课学习打好基础。

（2）能力目标

通过该课程的学习培养学生的抽象严谨的思维能力、以程序算法思想为主的多种数学思想方法、运用数学原理理解和分析计算机相关专业问题的能力，以及运用数学软件进行程序实现的实践操作能力。

（3）素质目标

该课程旨在提升学生在数学思维、数学语言、数学能力、数学应用以及数学实验操作等方面的基础素养。此外，它还会对学生的整体思维、文化素养、创新精神以及科学和理性的世界观产生积极影响。

要实现"计算机数学"课程的教学目标，需要在确定教学重点、规划教学内容、运用教学手段和策略、应用教学模式及评价教学成果等环节中进行适应性调整和创新。

## （二）"计算机数学"教学内容的改革

### 1.改革方向

在高等职业教育中，"计算机数学"课程被视为计算机相关专业的基础课程。其教学内容主要是高职院校的"大学数学"和"离散数学"课程的简化版本，各部分内容相差不多。通常会涉及微积分、矩阵、概率、集合、图论和数理逻辑六个模块。在教授这门课程时，一方面需要强调系统的知识构架，另一方面也需遵循"必需、够用"的教学原则。不过，过于侧重于知识的讲解和记忆，往往会导致学生在处理实际问题的能力上出现不足。

尽管"计算机数学"的课程名称看似具备一定的专业性，但其仍遵循传统的知识架构，过于依赖于本科和专科教材的整合。由于教学内容与当前市场、专业和学生需求的脱节，导致了诸如"授课内容无法应用、需要的知识点缺失"等问题的出现。这主要是因为教学内容未能实质性地反映出专业特点和素质培养，从而使数学的教学质量未能达到预期。

高等职业教育的主要目标是培养拥有高级技术和实际操作能力的专门技术人才，这些人才主要在基层和一线工作。高职教育的核心理念是"以服务为宗旨，以就业为导向"，人们开始意识到过于偏重理论的教学并不能满足高职教育的特殊需求。因此，教学计划必须进行改革，从专注于学科知识转向就业导向，重视实践环节，构建理论与实践并重的教学体系。在这个背景下，"计算机数学"这门课程也需要进行一些改革，基于原有的教学内容进行调整。

①课程内容将包括微积分、矩阵、概率、集合、图论、数理

逻辑等基础知识，增加算法设计的知识介绍，通过解决具体的问题，使学生能够掌握算法设计。算法设计的知识是课程的主要内容，算法思维是计算机专业学生应该掌握的重要数学思想。

②整合数学知识和数学软件，如 Mathematica 等数学软件可以在教学中被引入。在每个章节内容结尾可以规划相关的数学实验，这样有助于提升学生对数学应用的了解，同时，也能激发学生对数学学习的热情，增强他们主动学习和动手实践的能力，从而为数学建模设计奠定坚实的基础。

③以计算机专业为背景，尽力强调数学思想方法的贯穿与实际运用。

2. 设计原则

①在"计算机数学"课程的教学中，始终坚持以教学目标（如掌握知识、培养能力和提高素质等方面）为宗旨，考虑到学生实际需求和时代发展趋势，进行适当的教学调整。

②紧跟专业发展，以满足专业课程学习需求为宗旨，教学内容与专业紧密相关联，同时教学内容的安排也会适应专业课程的教学流程。

③按照"必需、够用"原则，降低理论性数学证明和数学运算，着重强调数学思想和方法的实际应用。

（三）教学方法的改革

1. 计算机专业学生数学学情分析

①由于高职学生生源的多元性（职高／普高）、地域的差异性（城市、农村），学生数学基础、数学思维水平、计算机软件使用能力等方面参差不齐、差异明显。因此，高职数学教师要在教学中采取分层教学的方法。

②总体来看，学生在数学基础上存在不足，抽象逻辑思维和总结归纳能力较弱，数学思维技巧也不够充实，这无疑增加了理

解数学概念和掌握数学方法的难度。这也要求教师在讲授数学概念和数学方法时要尽可能直观、形象，从具体的实例出发。

③学生对教师的依赖性较强，自学能力弱，决定了"计算机数学"课程"以教师为主导，以学生为中心"的教学模式，讲授法、练习指导法是必不可少的教学方法。

④比较重视专业学习，热爱动手操作。"课堂"教学模式满足不了学生的需求，还要积极开展数学实验课程，重视数学软件的使用，突出计算机专业的特色。

2.教学方法从"单一"走向"多元"

基于以上学情，"计算机数学"课程教学在传统的数学教学方法——以逻辑演绎为主的讲授法基础上，还应采用如下几种教学方法和策略。

（1）问题驱动教学法

以启发式教学思想为主导，由教师设计出一个个具体的问题（问题可以来自数学本身，也可以是专业问题，还可以来自生活实际），引发学生的思考，引起学生的兴趣。

如提问"我们知道求规则图形的面积，那么如何求不规则图形的面积？""如何求一个水渠的剖面的面积近似值？"引出定积分的概念学习和有关思考；提问"七个城市的运输路线图，怎样确定其中两个城市的最短运输路线？"引出 Dijkstra 算法求最短路径；提问"已知某曲线的函数，可以通过求导得到某点的切线方程，那么反过来，已知切线方程是否可以求出曲线的函数表达式呢？"引出不定积分中"原函数"的概念，等等。

这个方法可以帮助学生获得知识和增强能力，体现了教师的引导作用和学生的主体地位。

（2）形象、直观性教学方法

考虑到数学科目的抽象性和高职学生的学习情况，使用这种方法能够激发学生的学习热情，集中他们的注意力，提高理解能力。学生在获取感性知识的同时，也可以为掌握理性知识做好准备，这既符合直观性原则又符合可接受性原则的教学理论。在教育心理学中，这被认为是激发学生左脑和右脑同步工作的一种方法，将有助于理解和加强记忆。

在教授导数概念的时候，可以采用学生最容易接受的直线匀速运动的例子作为出发点，并借助图形学以引导学生直观地理解这个概念。对于函数的连续性，我们应以直观的几何图形为切入点，以增进理解。采用此方法也是培养学生数形结合思想方法、创新能力、想象能力的有效途径。在教学过程中，教师应该多利用学生所常见的实际情况，并通过图表和实例来解释抽象的理论。

（3）类比、联想的教学方法

为了培养学生对数学思想方法的深入理解，教师需要大量利用学生已经熟知的数学知识和概念进行类比和引申，由浅及深，由近及远，由熟练的知识领域扩展至未知的知识领域。举例来说，在讲解定积分时，与古代数学家的"割圆术"进行类比将使学生更深入地了解"分割、求和、取极限"的运算步骤，并使他们更深刻地理解定积分的"以直代曲"的思想方法。

（4）练习指导法

该课程有很多算法设计、数学计算、Mathematica 程序实现等形式化、结构化内容，这些内容的学习都需要在教师的指导下完成。教师先给出一些例题的示范，学生通过模仿和不断练习、归纳来掌握这些内容和技巧，通过变式练习来检验和巩固所学知识。

（四）"计算机教学"实验课的教学

1."数学实验"简介

"数学实验"这一概念结合了科学实验的定义和数学的特点，可以定义为：在特定或典型的实验环境之下，借助特定工具和物质，基于数学思维的引导，进行研究和探索活动。这种活动的目的是检验某个特定的数学理论，证明某类数学猜想，或找出解决特定问题的方法。

在教学视角下，数学实验是采用计算机系统作为实验工具，以数学理论作为实验原理，以具体的问题为实验对象，以简易的人机互动或复杂的编程为实验形式，以数值运算、符号演算或图形演示等作为实验内容，以分析、模拟、概括等为主要的实验方法，以"学习数学、应用数学、数学研究"为实验目的，以提交实验报告为最终的形式进行的电脑操作活动。

2."计算机数学"实验课开设的必要性

计算机科技的强劲崛起和在社会各个领域的普遍应用，催生了 20 世纪 80 年代晚期利用计算机解答数学难题的"数学实验"方法。这一方法将计算机与数学教育紧密结合，开辟了计算机服务数学教学的新领域。计算机的使用不仅对教师的传统数学教学方式和学生的学习方式造成了影响和改变，而且正在重塑数学的性质，使其逐步转变为一门"实验科学"。

针对"计算机数学"这一课程，我们应以理论教学与实验操作相结合的教学模式进行教学，充分运用如 Mathematica、Matlab 这类数学软件和 SPSS、SASS 这类统计软件，方便学生进行数学运算、绘图、数据分析及程序执行。在数学实验的内容中，可能包括解决一个数学问题、回答一个真实生活问题、优化一个已知的算法方案，甚至建立一个和专业问题相关的数学模型等，偶尔也可能包括完成一个项目，比如在讲授概率统计中期望值与方差的理论观点后，可以运用两组产品质量数据作为项目对象，根据两组数据的期望值和方差进行全面评估，从而客观地评判哪一组产品质量更可靠，超越只依赖简洁的平均值进行判断。通过此类具体项目，学生可以深切地感受到数学知识和数学思想方法在生活中的实际应用价值。

数学实验在数学教学领域中扮演着重要角色，它不仅是学生发掘数学知识的过程，也是帮助他们更好地掌握数学知识的应用过程。实验课教学可以激发出全新的学习气氛，使学生在实验课中积极思考，打造出一个充满激情的学习环境。学生在实验课中，通过不断尝试和探讨，用各种方式深入思考，所得的知识远胜于仅依赖教师讲授。在这个过程中，学生的观察能力、探索能力、创造能力以及操作技能都得到了极大的提升。数学知识和思想方法得到了具体的应用，进一步提高了学生的动手能力，同时也增强了他们运用科学方法解决问题和创新思维的能力。因此，这种创新的数学教学方法值得在数学教学中广泛推广和应用。

3. "计算机数学"实验课特点

（1）具有多媒体教学设备的机房作为实验场所

实验场所必须具备装有数学软件的计算机，每人一台，除此以外还应有用于师生互动的教学多媒体设备和相应的教学软件，方便师生的及时交流和互动。

（2）教师作为数学实验的主导

实验过程中，问题的提出、情境的创设、Mathematica 等数学软件各种功能的操作、数学知识与思想方法的应用、问题模型的建立、纪律的维持都离不开教师的引导和主持，只有在教师的主导下，数学实验课程才能有序地进行。

（3）学生作为实验的主体

对问题的思考、对数学思想的领悟、对数学方法的应用和改进、对数学结论的猜想和验证都需要学生自行探索并解决问题，充分发挥他们的创造能力。

（4）数学软件和计算机作为实验的工具

在教师的指导之下，学生们把预定的实验问题通过编程转换成计算机语言，使用数学软件的程序执行，进而获得所需的答案，如函数绘图、数值计算等均可以通过数学软件来实现。数学软件既是解决问题的工具，又是检验问题的工具。

（五）"计算机数学"实验课教学模式改革

一般来说，数学实验的教学模式通常由教师或学生提出具体的问题，然后利用计算机的数学技术进行数学实验，并通过小组或全班讨论来进行研究学习。这种教学模式通常由五个步骤组成：创设情境、活动与实验、讨论与交流、归纳与猜想、验证与总结。

1. 创设情境

教师利用文本和动画结合的方式，明确、简洁、直接地向学生展示问题情境，便于他们的观察和思考。这是数学实验教学的关键基础，在创设情境和提出问题时，需要适度，同时能激发学生的学习兴趣。

2. 活动与实验

这一环节是数学实验教学的主体部分。学生在教师的指导下进行实验，根据实际问题或实际项目建立数学模型，针对问题进行简单算法设计，并进一步转变为编程语言实现，最后搜集、整理实验数据，进行分析、研究，对实验结果作出清晰的描述。

3. 讨论与交流

通过讨论与交流可以吸取成功的经验和失败的教训。该环节不是孤立存在，而是要贯穿整个实验过程之中。通过交流和讨论，可以使解决问题的方式更加优化，编程的代码更加简练，技术的操作更加流畅。另外，这也是培养团队协作能力和数学交流的重要环节。

4. 归纳与猜想

通常，学生在实验过程中根据所获得的数据和观察到的结果来分析和寻找规律，通过逻辑推理和直观预测，从而得出结论。有时也可能先提出假设，再进行实验验证。这个环节与讨论交流环节紧密相连，经常混合在一起。

5. 验证与总结

运用归纳法、演绎法或反证法等数学方法，改变实验数据，探索本质，从而得出结论。最终，我们通过实验报告的形式总结了在解决问题过程中应用的数学方法、数学思想、编程实现以及得出的数学结论，并记录我们的感悟和经验。

数学实验是从"封闭式"向"开放式"教学模式的一种创新尝试，它将教师"教授→记忆→测试"的教学过程，变为"观察→直觉→探试→思考→归纳→猜想→证明"，并将信息的单向传递转为双向交流。通过进行实验，学生可以全面深入地理解、验证、体验数学课程中的经典理论。这种教学模式的显著之处是其开放的教学环境，同时主要以学生的实践和体验为主，教师解说为辅的教导形式。

（六）"计算机数学"教学评价改革

传统的高职数学考核形式主要以期末试卷笔试考核为主，考题主要是书中例题和习题的翻版，内容多半是概念题和计算题，体现数学应用的考题很少。显然，这种评价教学的形式过于单调，在"计算机数学"教学观念提升之下，对教学内容、教学方法及教学模式的优化也推动了对教学评价的改革。

第一，评价方法不限于试卷，如实验报告、短篇论文、课堂讨论问题的参与度、实验教学中建立具体的数学模型或者完成一个数学实验项目等都可作为评价方式。

第二，考核题目不应过于重视对概念的理解和数学运算，要体现数学思想的运用及解决问题的能力。考核的问题可以源于数学本身，要求学生运用所学的数学思想方式如归纳法、极限思想、函数理论等方法来处理数学难题；问题同样可以源于专业领域或者日常生活中的实际问题。

## 二、"计算机数学"教学改革实践

将"计算机数学"作为教学改革研究的对象，目的是在高等职业院校钻研出一条优良的教学改革道路。这一改革意在使"数学"教学既能提供计算机专业课程所需的数学基本知识，又能为计算机应用带来必备的数学思想和方法。同时，该改革也旨在为专业学生的数学素养培养提供必要的环境，最终更好地体现数学的"工具"价值和"素质"价值，彰显高职院校人才培养的特色。

### （一）教学改革实践研究形式

整体上采取单组后测设计形式。在教学改革实践前，对历届计算机网络应用和计算机信息管理技术班的"计算机数学"学习情况和教学情况进行调查，发现问题，然后依据教学改革设计方案进行行动研究，教学改革实践实施后，通过对该专业学生的测试和访问调查对教学改革的实践效果进行检验。

### （二）教学改革实践的步骤

第一阶段：实践前的准备阶段。对改革前的"计算机数学"课程的教学进行访问调查，找出弊端。依据"计算机数学"教改理念设计可行的教改方案，并设计较为详细的教学文件材料，如教学课程设计、教学大纲、授课计划等。

第二阶段：实践的实施阶段。依据"计算机数学"教学改革方案和教学文件进行实践教学。

第三阶段：实践后的检测阶段。对教学改革实践后的该专业学生进行测试和访谈，检测教学效果，了解学生学习感受。

第四阶段：总结阶段。对教学效果检验获得的数据和资料进行整理，进一步分析，与改革前的"计算机数学"教学效果进行比较，总结教学改革的成果和经验。

# 第三章　高职数学反思性教学改革研究与实践

## 第一节　反思性教学在高职数学教学中的应用

### 一、数学反思性教学的特点

#### （一）主体发展性

在反思性教学活动中，学生通常被看作是被引领的一方。教师把他们当做研究和教育的对象，有时候甚至可以在一定程度上对他们施加影响。教师作为反思性教学活动的主体，充当组织者的角色，他们将对教学过程中的所有元素进行适当的整理和规划。这个过程是一个持续的探索和反思过程，将充分体现教师的创造性。在反思自己的教学方式和过程时，教师必然会借鉴实际课堂的经验，全方位评价整体课程。为了实现这个愿景，教师需要积极思考，调整观念，及时改变教学方式，规范自己的教学行为，逐渐优化教学策略，让教学模式更加完整，实现教学效果的持久增长。

## （二）创新性

在数学教学中，创新思维显得尤为重要。为了发掘有力的教学方法，教员需要跳出传统思维的框架，勇于构思新的教学模式，用创新的思维去规划充满创新性的教学策略，进而积极实践。反思活动在教学改革过程中扮演着决定性的角色。反思性教学的一般步骤就是把发现问题视作思考活动的基础，逐步分析和解决问题。这种方式运用在教师身上，就是通过教学反思去找出问题，然后对问题的形成展开思考和教学探究，对教学活动进行持续改良和创新。因此，在教学反思过程中，思维活动被不断激发，教学手段得到持续创新。

## （三）实践合理性

高质量的教学方法必然包含教学反思、理性分析等各个环节。反思性教学将追求教学实践的合理性作为教学的出发点。数学反思性教学活动能帮助教师更加深入地思考教学方法。教师可以从教学过程的每一个环节开始，通过探索、引导、评估、反思全新的理解行为来审视自己的教学行为。这种方式对数学教学实践的合理性和科学性有所增强，其最终的目标是提升数学教师的教学能力和教学成果。

## 二、反思性教学质量提升策略

## （一）勇于创新

在开展数学反思性教学时，教师需要有强烈的创新意识，才能有效地促进学生创新能力的发展。教师要培养学生的创新思维，应认识到每一个学生都是独立而优秀的个体。对于学生的每一次进步，无论大或小，都应赞扬和鼓励，树立他们的学习信心，及时发现他们的学习潜力。此外，数学反思性教学授课可以试验多种独特的教学方式，大胆突破传统教学方式的约束，采用新颖的方法以激发学生的求知欲，从而取得更显著的教学成果。

（二）为学生营造良好的反思环境

一切教学活动的核心都是确保学生取得良好的学习成绩。高职数学教师应当以学生为工作重心，关注其学习方式的转变，帮助他们从被动接纳进入主动研究的学习阶段。教师要主动与学生研究和探讨学习策略，使他们在学习交流中反思并纠正错误。另外，教师应在最大化地利用媒介资源的同时，针对教学内容设计，充分利用巧妙且有趣的教学导引，激发他们的学习兴趣，提高课堂效率。在教学过程中，老师也应适时地组织合作学习，让学生在共同学习知识的过程中反思彼此的不足，从而在数学实践中培养他们的研究能力。

（三）积极转变教学理念

数学教师在高职教育中需要根据学生的学习现状积极思考和转变自己的教学理念，以提升教学效果。以学生的学习情况为依据制订教学计划，以提升学生创新思维能力为目标，重点关注学生的进步过程，并持之以恒地提高学生的数学能力。教学方法的选择和应用也应以提高学生学习效率为目的，以便让学生在有限时间内取得最佳学习成果。数学教师不仅要注意调节教学环境和气氛，还要尽可能地在教学过程中引入日常生活的实例，把数学教学与生活世界串联起来，让学生感受到数学是生活的一部分，并激发他们对数学的积极探求。数学教师还应主动去提升自我的教育技巧，努力提高自身素质，持续改进并创新教学方法，全面提升教学质量。

数学反思性教学法在高职教育中的应用不仅可以增强高职老师的教学质量，同时也使学生能够有效地应用所学知识，课堂与现实生活的紧密结合为学生带来数学的乐趣。只有高职教师不断适应新形势，不断改进教学方法，充分发挥数学反思性教学的实际功效，才能在教学过程中为学生提供更科学、更合理的教学体验，促进学生创新思维的培养和创造能力的提升。

（四）自我反思

自我反思，即教师从个人的教学实践出发，对教学理念与行为的反思。成功的反思须具备自觉的反思意识。

对于高等职业教育的数学教学，教师必须深入探讨和全面反思教学内容、目标、策略和计划，并反复调整，要不断在教学实践中探索和解决问题，以便更好地满足教师教学和学生学习的需求，从而提高教学理论水平，逐步成为专家型的教育工作者。深度反思教学的每一个环节，是提高教学质量的重要步骤，也是教师持续提升、完善、积累教学技巧的有效途径。通过反思、重新审视教学过程，深入评估、分析和总结，及时吸取经验教训，确定未来方向，建立自信，能帮助教师保持清晰的思维，避免走错路；还可以激发教师以科学的态度和热情的心态创新教学，使教学活动具有更多的灵活性、实效性、艺术性和趣味性，从而进一步提高教学效果。

（五）同事的触动

教师往往对自身存在一种默认的理解，一些不足之处常常隐藏在无意识之中，同时一些亮点也常常被忽视。倘若从另一个角度，让他人对整个教学过程进行观察，那么教育工作者通常能更真实地找到自我。因此，同事的视角常能触发教育工作者的反思。

在倾听同事的评价时，教师能够检查、整理并构建自己的实践理念。从同事的经历中，教师可能会对问题产生的原因有更多的理解，并将这个观点与同事对同一问题的理解进行比较和分析，这是至关重要的。这种对照和分析有助于为教师的反思提供丰富的情绪支持。尽管反思源于自我，但它真正的吸引力来自集体反思的努力和收获。在与同事的合作活动（如互相听课、评价和讨论）中，通过相互观察，教师可以了解到不同的教学方法和教学风格，教师可以从同事的教学中学习有益的经验，为自我反思的教学提供实践案例。

## 三、反思性教学在高职数学教学中的运用

### （一）反思性备课

深度研究和自我反省教学内容反映了备课的反思性。这个过程包含了教材的深度解读、透彻理解、全面整理以及在此之上有益的反思，从而促进了对于教学内容更深刻的反思。传统的教学模式大都侧重教师的讲课和学生的模仿与记忆，但这样的教学模式并未使学生真正参与到学习之中，也无法使他们深层次地理解所学知识。通过对教学内容和教学模式的反思，教师能够不断优化教学内容，改进教学模式，使学生能够真正掌握教学内容，提高教学质量。

### （二）反思性备学生

在对学生有充足的了解后，教师可以就学生现存的问题进行深度反思。教师需要将学生视为教学活动的核心，只有对学生有全面认识，特别是对他们身心发展的认识，才能科学并实事求是地确定教学的起点、深度和难度。

1. 反思学生的思想状况

学生的思想状况会影响他们对学习的态度，因此教师需要对学生的思想状况有清晰的了解，比如他们是否积极参与学习、学习目标是什么、他们对学习是否有热情、在学习过程中是否存在

畏难情绪等。

2.反思学生的学习情况

在实际教学过程中，教师需要根据教课班级的学生先期学习状态评估，去了解不同学习成绩的学生的情况，并参照他们实际的学习水平来备课，真正达到个性化教学。同时，通过了解学生学习情况，能进一步认识到学生现有的知识水准和能力，更好地预测学生在学习新知识时可能会遇到的难题。

（三）反思性备教学实施过程

教师完成教学内容后，对整个教学过程进行反思，这是反思性教学的核心特征。教师在利用适当教学技巧授课结束后，需要依据学生的作业和课堂练习等方式来评估学生对所学课程的掌握程度，以便确认之前所采纳的教学策略是否科学，教学的重点是否突出，内容的连贯性是否做到，教学手段是否被学生所接纳等，这些都是反思性教学必须做到的。只有这样的反省思考，才能及时总结成功经验和失败教训，持续改变和进步，才能在未来的教学中延续先前的优秀成果和技巧，改进教学的缺点，并采用新颖和更有成效的教学方法和手段，使学生更好地吸收新知识，学习新方法，了解新的思维方式，提升新的能力，最终提升教学效果。

总之，反思性教学的目的是鼓励学生掌握学习方法，同时也帮助教师学习教学方法，旨在提高学生和教师的水平。反思性教学能让教师不再盲从过去的教学习惯，而是以更审慎的方式进行教学。反思性教学也强调教师个人的独特魅力，激励他们在自己的职位上改进教学方法，以成为更出色，效率更高，创新能力更强的教育专家。

# 第二节  高职数学反思性教学研究与实践

## 一、高职数学反思性教学主体要素分析

（一）学生要素分析

在高职数学教学体系中，高职一年级学生通常是教学对象，年龄介于 18 至 20 岁之间。他们的特点有别于其他阶段的学生。

1. 高职学生的特点

（1）认知发展进入新阶段

哈佛大学的心理学家威廉·佩里构建了一套关于 15 岁以上青少年思维发展的四个阶段的理论。他对大学生思维发展进行了全面而深刻的研究，发现他们的思维由形式逻辑思维向辩证逻辑思维转变。他们在思维成长中，培养出了一种自我审视和理解思维过程的能力，即元认知。一些学者对大学生的元认知成分及学习动机、方法等非智商因素进行了深度研究。研究指出，大学生对元认知知识掌握得当，但在元认知监控能力上的表现并不如意。在元认知知识方面，学生们可以清楚认识到自己的兴趣、喜好、思考方式以及自身的优点和缺点。然而，他们在理解实际任务和认知策略上都显得欠缺，不知应如何根据不同的学习资源提出不同的学习要求，也不理解知识在实际应用中的环境及条件。在元认知监控方面，尽管学生们能建立中短期学习计划并进行过程检查，但忽视了对学习问题以及在作业和考试中犯错的纠正，很少主动反思并解决问题，导致问题的堆积。

（2）主体性意识开始增强

尽管我们喊着素质教育和尊重个体差异的口号，但在应试教育的大环境下，对具有创新思维的学生的包容和认知依然有限。在大多数情况下，为了取得优秀的学术成绩，学生往往不敢大胆表达自己的观点，不敢轻易脱离既定的思维框架，严重依赖教师和教材的权威性，机械地追求标准答案，缺乏独立思考的意识和探索精神。然而，当他们进入大学生活，升学压力逐渐消退，宽裕的空闲时间给他们提供了反思自我、深度了解自身的机会，表现出更加独立的个性。他们对教师的依赖程度明显降低，充满了强烈的责任感和求知欲，更加积极主动地探索自己喜欢的领域。

（3）学生类型呈现多样性

在高等职业教育环境下，学生来源有两部分：一部分是通过普通高考录取的一般高中毕业生，另一部分则是中职学校的毕业生。不同的专业会有不同的录取标准，有的以理科学生为主，有的则只招收文科学生，还有一些专业并不区分学生的理科或文科背景。这种情况导致了在同一专业、同一班级中，高中毕业理科生、文科生以及中职生可能会一同学习。因此，高职的数学教学会表现出学生类型的多样性，他们在数学基础知识和学习能力上表现出显著的差异。

（4）数学学习状况堪忧

由于职业教育体制存在的缺陷等因素，导致社会和家长们形成了某些偏见，将主要针对专科层次的高职教育视为终结性教育，认为它无法与一般的高等教育相比，从而导致一般高中学生的高职升学率和入学率受到影响。同时，职业中专的毕业生因为即将参加工作等事宜，也鲜少报考高职。普通高校扩招也导致了高职生源层次降低，学生的总体水平也在降低。

根据多年来的高职院校入学成绩统计，学生的数学成绩普遍较差，他们在数学基础上的知识储备欠佳。主要体现为对数学概念和原理的理解过于表面，经常把它们混淆或误解。同时，对于数学符号的理解也模糊，不知如何使用，更不用说学以致用，运用数学理论、方法和技巧来解决问题了。

对于数学的实际应用，学生们普遍认识不够，因此觉得学习数学并无大的实际意义，觉得即使学会了也不知道怎样运用；他们对于学习数学缺乏足够的兴趣，甚至对其产生了反感，完全无法积极地去学习，而是把学习数学当做为了应付考试的应急之策。

2. 高职学生的地位

在传统数学教学中，学生对教师的依赖程度十分严重。通常学生仅作为听众，参与教学过程的机会微乎其微，即便有所参与，也不过是作为"回应者"来回答教师的提问，配合老师进行教学活动。他们缺乏对问题的分析能力，很少有自我观点，只是被动地接受由教师传递的现成结论，很少去考虑数学概念和数学原理在实际应用中的背景。他们的独立思考能力、批判意识以及学习的自主性都显得不足，过分迷信教师的权威。

在反思性教学的环境下，学生从单纯的被动接受转变为积极地参与教学过程，不仅成为教育行为的实践者，和同学、教师一起探寻知识，甚至是一个深入思考的行动者。学生在学习方法、认知特点等层面实现自我剖析和自我评价，自我监控学习策略和计划，并以现有的知识体验为依托，通过对学习的过程和效果的剖析、反思，不断扩充知识框架。通过对教师和专业人士的见解提出质疑，塑造对意义的理解；通过主动与教师、同学进行交谈和沟通，分享他人的成功经验和学习感悟，同时了解同学或教师对自己的看法，以全方位的自我认知，修正自身的短板和不足，构建正确的自我观念。

（二）教师要素分析

教师在教学系统的形成和发展中，担负着不可或缺的核心职责。恰恰是由于教师的参与，提升了学生积极有效地掌握人类文明成果的自觉性和效率。

1. 教师的自我反思意识是执行反思性教学的前提条件

教师在自我意识的推动下对高职数学教学行为以及其相关因素做出理性的分析和思考，这就是高职数学反思式教学。因此，教师应有对教学行为反思意识，正确理解反思的重要性和价值，真正意识到反思能够帮助发现教学理论和实践的缺陷，将反思自身教学理念和行为慢慢变为一种自觉行为。在教学过程中，教师要始终关注并检视教学计划的合理性、教学行为的有效性，并能及时做出必要的调整。

反思意识形成之后，就如同在心理上划下了一条警戒线，对所有的理论观点都不会轻信，而是处在一种警醒的状态，随时准备开始反思，以期探究教学实践中潜在的问题。

增强教师反思意识的途径主要包括进行自我提问、课后备课、交流讨论和观摩分析等。

（1）自我提问

教师在自我检视、自我管理、自我控制和自我评估教学后，对自己提出了一系列疑问，并逐个解答，有助于增强自我反思能力。

该方法能在教学过程中得到广泛的运用。教师能够设计一个自我提问的列表，列表中的问题与教材内容、学生特性密切相关，可以涵盖教学的各个环节。比如在课程准备阶段，需要考虑学生目前掌握的与教学内容相关的知识和生活经验是什么，为何要用这种方法来处理教材的难点，教学过程中可能遇到哪些问题，应该如何应对，需要准备哪些问题，问题的关键点是什么。即使在备课阶段已经做了充足和细致的考虑，实际教学过程中仍可能遇到一些意想不到的问题，这时，教师需要根据学生的反馈，深入思考问题的源头，考虑如何调整并实施相关的策略和措施，从而确保教学能够顺利进行。教学完成后，根据自己的表现、学生的反应以及学生的作业等反馈信息进行反思："我是否已经达成了教学目标？""我的教学效果如何？还需要哪些进一步的提升？""学生在作业中为何会犯下同样的错误，应该如何解决这个问题？"

（2）课后备课

一旦教学过程结束，教师会参照学生的反馈，对教案进行调整和改进，以便确定更优的教学策略和方法。这不仅反映了反思意识，也体现了个人品格，是教师以理性去自我审视，以公正的视角来评估自身的教学水平。教师应在课后深入审查教学步骤是否得当，课程内容是否有逻辑，重点和难点的处理是否到位，对突发问题的处理是否有效。然后，利用自我提问列表，了解这一节课是否达成了预定的教学目标，同时找出教学的优点和不足，进而改正自己的教学行为，提升教学效果。最后，确定问题的重点和解决方向，总结成功和失败的经验教训，并将其落实到教案中，长久以来，自己的教案就会慢慢变成一份内容详尽、观点独立的作品。

（3）交流讨论

当老师在反思自己的授课方式时，如果得到别人的指导，反思的成果能更上一层楼。交流讨论就是对教学过程中出现的特定问题进行的讨论，可以发生在教师之间或者教师和学生间，互相引导个体进行更有成效的反思。

通常，教师们会在教研室集中讨论常见的课堂教学问题，一起学习并相互鼓励。这种交流对于团队和个人的成长都有很大的意义。比如，面对高职学生普遍对数学学习缺乏兴趣的问题，我们会共同研究如何激起学生学习的兴趣，然后根据我们所教授的实际课程制订出具体的解决方案。教师和学生的对话是一种平等的交流，可以在课堂上进行，也可以个别进行，或者通过了解学生对教学内容的处理和选择教学方法的看法，从而反思教师在教学过程中的不足之处。

（4）观摩分析

观摩分析就是研究优秀教师的公开课或者教学视频，进行评价和解析，通过比较自己和别人的教学手段，进而改进自己的教学策略。在观摩优秀教师授课的同时，去探究他人如何理解教材，如何有序地展开教学，为何选择这种途径，成效怎样，是否存在需要改进的地方，以及从中得到什么启发。在教授同样的课程时，自己会如何操作，自己和他人之间有何差距。在这个过程中，教师是一名学习者，一个理智的评论者，也是一个自我反思者。通过这种反思分析，吸取他人教学的经验，进而提高自我能力。此外，还可以邀请同事发表对自己教学课堂的观感或建议，以便更好地提升教学水平。

2. 先进的教育理念是进行反思性教学的重要保障

为了确保高等职业教育数学反思性教学的顺利进行，教师不仅要有反思的态度，如谦恭、全神贯注和有责任感，而且也应当拥有先进的教育理念。

（1）职业教育为经济建设服务的理念

高职教育应面向地方经济建设和社会发展，以培养生产、服务、管理一线的实用技能型人才为理念。教师们要正确理解高等职业教育的育人原则，定性其为经济发展的助推者，积极掌握市场对于职业人才的需求概况，理解不同行业对于人才技能需求的种类和数学素质的特别要求，认真反思在数学教学过程中可能存在对职业教育规律的违背行为，才能做到教学活动更加贴近社会需求，注重对数学应用意识的培养，以此增强学生解决实际问题的能力，更有效地凸显高等职业教育服务社会的功能，展现职业教育的本质。

（2）主体性教育理念

在高等职业数学反思性教学中，教师和学生都是教学的主体。教学过程是由教师引领学生，帮助他们有目标地理解现实世界，并将此过程作为他们积极适应社会行为的体现。教师必须深入认识到自己在教育过程中的主体地位，发扬他们的引导价值，承认并尊重学生在教学环节中的主体地位和能动作用。所以，教师在教育环节中不应当强势控制、主宰，也不应当强迫学生做或不做什么，而是应当尊重和激励学生的自我选择，根据学生的身心发展规律、经验、已有的知识基础，科学设计他们的学习任务，尽可能地激发他们的学习热情，激活他们的主动参与意识，培养他们的主动参与能力和反思意识，使他们能够学会如何自我教育、创新和进步。

（3）终身教育理念

在现代科技与全球经济的推动下，产业结构的变动与岗位的变化越来越频繁。一个人长久从事单一职业的现象已然不再，任何时刻都可能面临岗位转变，这就需要具备扎实的基本知识，以及出色的适应和迁移能力。随着信息技术的进步，知识更新更为迅速，所谓的职业预备教育并不能给予一个人一生职业发展一劳永逸的基础。无论一个人在校学习了多久，掌握了多少知识与技能，倘若不持续学习，也难免被社会淘汰。因此，高等职业教育的职能并不仅限于对受教育者的就业指导，也要为他们的一生发展打下基础。终身教育的理念必须融入高职教育的所有环节中。在数学教学过程中，通过反思性教学让学生学会思考和学习，从而提升他们使用数学知识、思维和方法的意识，增强解决实务问题的能力，以提高他们在社会和职场中的适应力和竞争力，最大限度地满足学生未来在职场上可能的职业变动与流动的需求。

（4）教师即研究者的理念

教师可以成为将实践与研究相结合的研究者，他们的教学经验是研究的基础，教育教学理论则为他们指明方向。在教学实践的过程中，他们不停观察和深思，从而发现教学过程中的问题或者教育教学理论的瑕疵。有了这些发现，他们就能在实际教学中找到解决问题的策略，并把这些策略提升到理论层面，用于指导接下来的教学实践，形成一个不断上升的循环。这有助于他们的专业素质持续提高。因此，教师成为研究者，不仅能改善教学效果，也是彰显教师主体性的必要体现。

3. 进行反思性教学的基础是较高的知识水平和深厚的文化素养

教师的知识包括三个方面。

①教师的本体性知识，是指他们特定科目的知识，这是教师知识框架的核心。数学教师应掌握高等数学的基本知识、理论架构以及对应的数学思维方式和策略；熟稔数学的发展历程、当前状况以及未来发展方向；理解数学的社会意义、人文价值，同时也要认识到许多伟大的数学家的科学精神和人格魅力对学生的人格的影响。教师要对教材的重点和难点有充分的理解，并且注重内容的创新性、趣味性以及实用性。

②教师的实践性知识，是指教师拥有的课堂情境及其相关知识，涵盖了日常课堂组织管理以及如何处理课堂意外事件等知识。这种知识不仅是教师日常教学经验的累积，也是对典型经验的总结和反思。

③教师的条件性知识，是指他们所掌握的教育学和心理学等领域的知识。这涵盖了对学生的生理心理发展规律和特点的知识、教学方法、学习理论，以及对学生表现评估的知识等。

教师还要有深厚的文化素养。首先，他们需对数学密切相关的科目如物理、电子技术、计算机等有深度理解，清楚它们对数学的依存性并理解它们之间的相互联系，并将各科知识融合和灵活运用。其次，他们还需精通一些人文科学知识，扩展自身的知识面，充实个人的兴趣，进而开阔学生的视野。教师的知识储备并非反思性教学的充分条件，但无疑是必要条件。因为如果一位教师连"教授什么内容""如何进行教学"的基础都不明确，那么他就无法进行教学。

4.教师在高职数学反思性教学中充当的角色

在应用高职数学的反思式教学法中，教师的身份正在转型，不再是学生眼里的"指挥者"。当学生遇到难题时，教师会提供帮助，给出解题的建议，或者在学生发展的过程中给出意见。这个时候，教师变得像一个"导师"和"顾问"。教师的职责并不只是主导反思者，而是学生反思的促进者，也是学习共同体的一员，和学生一同探讨、研究、思考。在这个过程中，教师会从学生的角度来看待问题，对自己的教学方式进行审视，正确认识学生的错误。

## 二、高职数学反思性教学设计

高职数学反思性教学让反思成为了教学实践活动的核心，这种反思覆盖了整个教学过程。它不只是调整每个教学环节和部分教学活动，还包括在教学完成后进行总结和评价，以提供下个教学周期所需的重要信息。

按照高职学生的特点确定适当的教学起点和终点，同时系统地、有效地安排各项教学元素来拟定教学计划，这就是高职数学反思性教学设计。它是执行反思性教学的必备条件。

（一）确定反思性教学目标

确定教学目标在教学设计中占据重要位置，它不仅能调节和控制学生在课堂上的学习，也能最终决定教学从何处开始，引领学生的发展方向和速度。确定教学目标应基于高职教育的培养目标、高职数学的特点以及学生的年龄特征。

1.反思影响教学目标的诸要素

第一，反思对高职数学教学要求的理解，高等职业教育为了培养拥有实践操作能力，以及分析和应对实际生产问题能力的优秀人才，而区别于传统高等教育。同样，其较宽的知识面和深厚的理论基础，也使其明显不同于中等职业教育。

高职教育并不仅为使学生具备某项特别的技能，更致力于教导他们深化对本专业领域基本知识、基本理论的理解，以及在实际生活中运用新知识和新技术的能力。高职教育的目标在于培养出能适应社会经济发展需要的实践性高技能人才，这需要将来的毕业生具有明确的岗位针对性和适应性。高职数学作为许多高职专业的基础理论课程，其使命是培养出高技能应用型人才。课程的内容主要讲授专业所需的基础原理、运算法则和思维方法，而非深挖抽象理论和定理的证明。通过这样的课程学习，学生们应能熟练应用积分、空间解析几何、常微分方程的基础理念和必要的计算方法，并在此基础上发展出熟练的计算能力、抽象思维能力以及逻辑推理能力。课程的核心目标是使学生能理解并运用重要的数学方法，解决专业学习和生产实践中的实际问题。同时，这将使学生领会重要数学思想，提高他们的数学修养，并为他们的后续专业课学习以及个人成长打下坚实的基础。

第二，反思对学生的了解，由于学生是教育活动的主体，我们必须深入了解他们，这样才能确定切实可行的教育目标，针对问题制定适当的策略，规划出合理的教学过程，并精确地传授新的知识和培养技能。教师应该善用所有机会去了解学生，细心观察他们的各种行为。了解学生当前的知识水平，掌握基础知识的程度，对数学概念的理解程度；了解学生的能力、学习方式及兴趣；洞悉学生群体的特色。全面了解每个学生认知特征，每个学生都是在主动构建自己的认知过程，即使对同一数学概念，由于知识背景和思考方式的不同，每个人都有不同的思考过程。因此，深入了解学生的思维活动，是我们教学工作的起点。

2. 反思性教学目标的确定

设定适当的教学目标可以极大地激发学生的学习热情，提高教学效果。

反思性教学目标应体现切近性原则，也就是说，确定的教学目标应在学生付出相应努力后可以实现，过高的目标可能导致学生对此望而生畏，特别是数学基础薄弱的高职学生，他们可能因为目标过高而感到恐惧，失去学习的信心。

反思性教学目标的设定应该遵循挑战性原则，也就是说，所设定的目标应该让学生需要付出一定的努力才能实现，符合"只有努力跳跃才能获得果实"的要求。如果目标设置过于简单，学生会觉得缺乏挑战性，如果教师太低估学生的学习潜能，可能会让学生产生反感，无法引发其强烈的学习动力和兴趣，反之，一份满含挑战的任务则能激发学生的学习热情和参与的积极度。众多证据已经证明，目标的挑战性越高，人们为实现它所投入的努力就越大，同时也会有更好的行为表现。

反思性教学目标的设定，必须遵循针对性原则，也就是说，应当根据学生的实际情况来确定教学目标，以适配各种层次水平的学生。高职数学对各专业有着不一样的需求，各班级的结构以及班级内学生的数学基础和动机程度也各不相同，因此，在设定教学目标时不能千篇一律，应具有一定的针对性。

简而言之，教师需要在深入研究高职教育的培养目标以及高职生的特性后，理解学生的"最近发展区"，并把它和高职数学的学科特征结合起来，以设定一个合理的反思性教学目标。

（二）确定实现反思性教学目标的实践工具

一旦设定了教学目标，要实现所期望的目标就需要依赖于对教学策略、教学方法、教学媒体的选取以及教学内容的组织和安排。

1.选择达成目标的教学策略

针对不同的教学目标，我们需要制订相应的教学策略，无法找到一种教学策略能满足所有的教学需求，也不存在一种万能的教学策略适用于所有的教学情境。因此，老师应根据教学目标、学生特性和学习规律，来选择适宜的教学策略，以此增强教学效果。

对于高职数学反思性教学，教师不仅要根据不同的教学目标选择相应的教学策略，也需对所选策略进行反思，根据具体情况进行调整。

2. 合理安排教学内容

尽管在高职数学的教学过程中，数学的严谨逻辑体系并未被特别强调，但是，教学内容的设计仍需紧扣知识的系统性、认知过程的规律性以及学生的认知水平，并考虑各个专业的特殊需求和与其他课程的关联性。因此，教师需要依据教学内容的特性和学生现有的认知架构，对教学内容进行合理地安排。通常，我们会选择螺旋式上升的方式安排教学内容，也可以考虑通过扩大公理体系的方式，降低理论难度，使学生更易接受理论概念。比如在解释洛必达法则时，我们可以避免用柯西中值定理推导和证明公式，而是直接揭示洛必达法则的前提条件和结论，阐明其应用范围，并结合实例进行讲解和安排学生练习，以使学生能够轻松掌握洛必达法则的应用。

3. 选择达成目标的教学方法

教育心理学强调，只有经过研究、反思及总结得出的认识才能真正地被整合进现有的认知架构内，并深入理解。因此，反思式教学选择方法的主要目的在于激发学生的求知欲，强调让学生通过反思来寻找并处理问题。

选择教学方法必须基于几个关键因素。首先，需要考虑教育目标和专业需求。特定的教育目标通常需要用特定的方法实现。各个专业对高职数学都有独特的需求，因而在选择教学方法过程中，要重视培养有针对性及实践性的人才。其次，要考虑学生的个性和教材内容的特性。高职新生已经具有了推理能力，对总结和推理有一定理解，并能应用复杂的概念，思维灵活，学习能力强，并且具有自学能力，然而，高职学院的学生在数学基础知识上并不深厚，对数学也不够热衷。在考虑这些特性的时候，教师在挑选教学方法时需要尽量调动学生积极性，结合专业特性或实际需求，指导学生利用图书馆和网络资源进行开放型学习，如数学建模等。教材内容对教学方法选择的制约也是需要考虑的，如练习课可以选择自学指导法，复习课可以选择知识结构单元教学法等。另外，还要考虑教师的素质和个人特质。由于教师的性格和素质的不同，事实上，相同的教学方法在不同的教师手中会产生截然不同的效果。教师需要对自己有明确的认知，知道根据自己的特质来选择合适的教学方法。总之，应当巧妙地运用各种教学方法，发挥其长处，避开其不足，以提高教学效果。

4.合理使用教学媒体

教学媒体设备在教育活动中起着关键作用，它们在教学过程中传递教学信息，协助教与学的双向交流，对教学成果和教学效率产生显著的影响。

在挑选教学媒体工具的过程中，教师必须根据教学目的、自身的能力、学生的实际需求和教学内容等各种要素，以激活课堂氛围，培养学生对数学的热情，提升学生的积极性和增进教学效果为主旨。教师应该适当掌握并应用各类教学媒体工具，达到传统和现代教学媒体工具的有机结合，最大限度发挥其优点，助力学生知识和能力的提高。例如，在讲积分运算时，更推荐采用传统的教学工具。教师用粉笔在黑板上进行讲解有助于学生对积分方法的灵活性和技巧性的理解，并可以根据学生的理解程度调整讲解思路。在讲解空间解析几何时，由于很多学生在空间想象力方面的不足，借助计算机进行教学便可以让学生更直观地理解。

（三）反思性教学评价

对于是否达到预定的教学目标进行评定，也即进行反思性教学评价，是反思性教学设计的最后一步。

首先，反思教学行为和教学效果，判断是否达到预期的教学目标。在教学过程中，作为教师需要自我反思，是否在教学过程中尊重了学生作为学习主体的身份，是否在处理教育资源、运用教学工具和策略时充分考虑到了学生的特殊品质和认知规律，是否促进了学生的个人发展，根据学生的反馈调整教学行为，以促进教学目标的实现。同时，通过向学生提问、启发和训练，引导学生自我评价学习行为，反思学习效果，判断是否达到了预设的学习目标。

其次，整理反馈资料，为下个阶段教学反思做好铺垫。教师通过观察学生的反应、对自我提出问题、批阅作业以及与学生交谈等途径，获得反馈资料，在此基础上深度思考和分析，对教学优缺点进行判断并反思。教师还要对自己关于高职教育的认知，对学生特质的理解，对教学内容的把握，以及教学过程中的疑难和不足进行反思。教师要思考解决策略，确立教学改进的方向，为新一轮的反思性教学做好铺垫。

# 第四章　高职专业人才数学能力的培养

## 第一节　高职数学自主学习能力的培养

### 一、培养学生自主学习的意识

在个人心理发展达到特定阶段时，就会产生意识，这是通过整个认知过程形成的。由于数学科目的独特性，提升学生在数学教学中的自主学习意识显得尤为关键，它是实施自主学习和新课程的关键，更重要的是，它成为了学生终身学习的推动力。学生自主学习意识的提升，可以从以下几方面进行：

（一）树立自主学习的理念，培养学生自我学习的意识

为了培养学生具备自主学习的意识，我们必须首先确保每位学生能够建立正确的自主学习观。也就是说，学生应该被视为学习的主导者，他们的学业成果是他们个人的责任，不能逃避。教师或其他人对学生的学习只可以提供帮助或推动。建立了这样的理念后，学生的个人责任感会得到提升，也能改变他们学习过程中的消极态度，变得积极主动。这样一来，就能挖掘他们的潜力，

使学习状态得到根本性的改观。

（二）营造自主学习的氛围，增强自主学习的意识

只有在自主学习实践的过程中，自主学习的意识才会逐步强化。教师应该营造一种积极自主的教学环境，鼓励学生有勇气迎接挑战。将重心放在学生的学习过程中，展示他们的努力和理解深度，而非仅关注学习的成果，特别是用于比较的得分。帮助学生建立学习自信，让他们看到自我价值，体验到与他人的联系和被尊重。

（三）营造自主学习的竞争环境，升华自主学习的意识

人人皆有其自我展示的欲望，并想在能力上超越他人。在教学中，教师营造可以让全体学生积极参与到竞争之中的环境，从而赋予了他们大量机会去尽展才华，激发其对知识的追求，同时增加了他们学习数学的热情，以此增强他们自主学习的意识。例如，教师在课堂上鼓励学生提出各种不同的看法并进行深入阐释，运用小组讨论或分组竞赛等多样方式，调动学生积极性，创造出激烈的竞争氛围，在此过程中，学生的自主学习意识会不断升华，自主学习的能力也将逐步提高。

## 二、引导学生树立自主学习观，形成适合自己的学习方法

在高职数学教学中，教师的主导作用极其重要，这一点不容忽视。然而，值得同样重视的是，学生在教育过程中的主体性，因为所有的学习过程都在学生的思维中展开，这是不可能由他人来代替的。身为一个主要负责高职数学教育的教师，他们需要助力学生树立积极的学习态度，激发学生的学习激情，并推动他们积极参与学习。在提升学生的智力水平的同时，也需要提升他们

的自主意识，使他们能全面展现个人能力，积极、自觉地学习，形成自主学习的理念。此外，教师还需要激发学生的学习动力和学习兴趣，调整他们的感情态度和个性，在这个过程中，帮助他们掌握有效的学习方法，提高思考能力，进而为自我需求发展出一套具体且实用的学习方式，以提高他们的学习效率。

例如，在讲授数学课程时，教师适时地引导学生去反思自我，对已掌握的数学理论、技巧、学习能力和方法进行准确的理解和评估，深入了解学生的兴趣和个性等，以便使他们的优点最大化，改善不足，并在恰当的时间给予必要的指导和帮助。同时，学生自身也需要具体地考虑自己的主观和客观状况以及影响因素，检验和总结学习方法，对他人的学习经验和方法要重点理解和吸取，而避免盲目跟风模仿。

## 三、注重学习方法指导，提高自主学习能力

提高学生自主学习意识的核心，是教导他们学习并运用适当的学习方法，将他们的学习过程转化为"要学—学会—会学"，进一步提升他们的学习效率。教师应在此过程中充当引路人的角色，协助他们在认知过程中吸纳智慧，进一步增强他们的自主学习能力。教师应鼓励学生充分应用教科书、课外书籍和网络资源，学习如何从海量信息中甄选出有价值的信息。教师也需要教授学生如何通过观察和实验等途径去获得知识，掌握科学的学习方法。

（一）指导课前预习，使学生学会学习

在课前，教师会按照教学内容设计一些预习课程大纲，并提出预习要求，以帮助学生自己导读，并自我理解数学的概念、公式和结论。当学生已经形成了预学的习惯，掌握了预习的方法，也具备了一定的预习能力。教师会逐步不再设定预习题目，让学生自己进行预习。在预习过程中，要依据自身的知识理解能力选

择不同等级的预习要求。

①对于能力稍弱的学生，只需将课本仔细阅读两遍，了解学习的内容即可。

②对普通学生而言，要求他们在阅读完课本后，能够对所学内容有一个基本的认识，并明白其中的原因。

③针对能力较强的同学，要求他们能够在自我阅读的过程中，掌握一些数学思考的技巧，理解知识的实际应用，并可以通过读取课外书籍、利用网络信息来扩展学习范围。他们可以通过阅读课本、查询参考资料、实验实践、自我操作等方式来理解和掌握所学的知识。这将有助于他们逐渐形成预习习惯，提升自我学习能力。

（二）通过引导式教学，提升学生的自主学习能力

预习可以使学生建立起基本的知识体系，但受其认知能力的制约，对复杂问题常感到困惑。在这种状况下，教师的作用尤为突出，他们应在课堂上进行引导，解答困扰学生的难题并培养其积极质疑和探索的意愿。预习后，那些会提出问题的学生可能会带着各种不同的质疑，如对于数学定理引发的疑虑。教师首要任务是满足学生对知识的渴望，激励那些有参与意识的学生去表达自己。在课堂上，鼓励学生们自由提出问题，引发讨论，充分表达他们的思想，同时也要聆听其他同学的意见，发现他们是否有不同的思考方式，或是有何独特之处，学会在他人观点中寻找启示。对于那些无法有效提出问题的学生，教师应从多方面进行引导。

①内容预习的主题是什么？原因是什么？是如何形成的？最后得出什么结论？

②预习材料与我们之前所学的知识有何联系和差异呢？能否将其分类？

③对于什么知识处于一种模糊或者半懂不懂的状态？是否对书中的观点有争议？

在老师的引导和激发下，这些学生逐渐学会了独立思考和批判性质疑，从而提升了自主学习的能力。

在教学互动中，那些能够自我获取和理解知识的学生，应该鼓励他们自主学习和探寻。在学生解答问题时，如果课本中有答案，老师的任务则是引导他们细心研读并找到答案，同时让他们明白自主学习的必要性。对于暂时回答不上来的问题，教师需提供思考的时间和空间，激励他们小组内部交流，使所有人都有机会陈述自己的想法，只要他们能通过讨论来解决问题，就无须老师过度干预。当学生的思考出现错误或误解时，及时帮助他们修正，避免他们走入误区。

数学理论比较抽象，教师应该依照学生的认知习惯，有计划地营造让其动手操作的环境，供应可操作的资源，将课本上既定的理论作为他们研究的对象。教师需要协助学生在操作过程中体验和领会知识的产生、发展和形成的过程，让学生拥有自主发现、自主推导、自主归纳、自主探索的能力。

（三）指导课后学习，增强自我总结的能力

当每次课程即将结束时，让学生们展示一下他们各自的学习收获。当每个单元结束后，要深入地回顾和归纳该单元的内容，已经学过的知识也要自我检验，看是否真正领会。在注重理解的同时，也要总结成功的经验和失败的教训，找出其中的问题，从而持续改进学习方法。

## 四、充分运用计算机信息技术为自主学习赋能

现代信息技术迅猛发展，并大量运用到教育领域中，为教育方法、模式和方式的重塑带来了可能。从现代教育理念来看，合

理地使用计算机信息技术，有助于以更高效率的方式向学生传达大量信息，为教师脱离烦琐的教学腾出时间，便于他们以主要精力把握学生的特性来推动他们学习。同时，这也助力于建立多元的学习环境，激发学生的学习热情，更顺利地消化吸收知识，让教学过程愉悦而轻松，学生的主动学习能力也将进一步被发挥出来。而且，这也能促进传统的教育模式、方式和工具逐渐变化为现代化形式，转变学生的传统学习方式，实现因材施教，让学生深度投入到高职数学的学习过程，积极参与到数学学习当中。因此，我们要充分发挥现代教学设备的作用，增强课堂信息的丰富度，显著优化教学的直观性、科学性和趣味性，让复杂的数学理论变得更直接清晰，更有助于激发学生的创新潜力和学习热情。

另外，通过构建一个开放的在线学习平台，提供教学大纲、教学计划、教学案例、课程资料以及题目指导等相关信息，从而让学生得以利用网络进行自主学习，极大地提高学生的自主学习能力。

# 第二节　高职数学阅读能力的培养

## 一、数学问题的阅读

培养学生的分析问题和解决问题的能力，是高职数学教学目标的一部分。尝试解答数学问题的时候，读懂题目是基础，尽力有效地理解题目的相关信息，这样才能准确地分析问题，掌握问题的核心，寻找出解题的思路。

（一）弄清问题和熟悉问题

弄清已知条件和解题目标，主要包括：

　　已知条件分别是什么，解题目标是什么，是否需要绘制图形，若有可能的话，最好能完成一幅图形的绘制，并在图中注明必要的条件和数据，绘图的过程就是深入了解问题的过程，也是重新理解已知条件和解题目标的过程。

　　（二）读出题目的隐含条件

　　隐含条件是指在题目中不直观明显的条件，往往隐藏在一些概念、性质或图形中，不被直接揭示出来。这些隐含条件可以用来推导出通项公式。采用观察和归纳得出普遍性结论的方式，是在数学的常用策略。

　　（三）弄清已知条件之间的联系

　　掌握了题目所提供的已知条件和解题目标后，应努力理解这些已知条件之间的关系，并找出可以结合去推出新结论的条件。理解题目时，最好用笔记下这些条件，提醒自己结合已知条件，思考有哪些定理可以用来从已知条件推出什么有助于解题的信息。在审题过程，考虑是否有之前解决过的，与现在问题有关的问题，以便找到解决的方法。如果遇到解题困惑，我们需要重新审视题目，考虑我们是否充分应用了所有已知的条件和数据，以及是否考虑到了问题中所有必要的概念。

　　（四）解题后的反思性阅读

　　阅读数学问题的根本目标不仅是提高数学解题能力，更是着重关注问题解决后的进一步探索，对解题过程进行反复审视，这就是反思性阅读。鉴于数学问题具有的抽象性，学生们对解题技巧的掌握往往不能一蹴而就，需要不断地磨练和重复才能获得相当程度的理解。学生的"会做"往往只是基于表层经验进行的无意识复制，掩盖了他们在模糊的经验和理解下进行的自动和直觉的操作。在反思性阅读的过程中，学生需要回顾解题经历，重新整理理解的过程，从而获取超过解题过程的深层次理解。那么，如何实施数学解题的反思性阅读呢？

首先，要反思解题时的思维过程，这包含了回顾自我解题的每一个思维步骤以及审视他人解题的思维过程，例如解决问题时的思考方式，能从中学习到哪些常规经验，自己的思路和别人的有何异同，其中的差距是什么、背后的原因是什么，等等。

其次，反思解题过程中涉及的知识。解答数学问题常常需要涉及一些已经掌握的数学知识，应一边阅读一边思考自己对这些知识的理解是否满足了解答问题的需求。经历了整个解答过程之后，自我评估是否对相关的知识有了新增的理解，或者之前的理解是否存在缺乏的部分。在这个时候，再结合教材的阅读，学生就能体验到温故而知新的感觉。

最后，反思解答题目涉及的思想方法。在学习数学的过程中，对思想方法的领会、掌握和应用显得尤为重要，它是数学学习的核心。因此，在阅读数学解题的过程中，一个核心的步骤就是认识并理解答题中所用到的思想方法，这些方法如何在课本中被叙述，如何在解答题目时被运用，整个使用过程的特点是什么，这种思想方法还可以在哪些题型中运用。

总的来说，对数学解题过程的反思性阅读不只是对数学学习过程的追溯，而是更侧重于解题过程中应用的各种技巧、方法和策略。通过这样的学习活动，能够使我们更好地巩固和掌握自身已学习的知识，连接各种知识的关系，并且能储备有用的解题经验，这样在后续解决数学问题时能有质的飞跃。

## 二、培养高职数学阅读能力的基本途径

### （一）让学生了解数学阅读的价值和重要性

首先，我们要向学生强调数学阅读的重要性。其次，通过把

数学阅读与文学欣赏平等对待，帮助他们在数学阅读中发现并感受到数学的美，如对称美、和谐美等，进一步提升数学阅读的乐趣。再次，让学生了解到数学阅读对于提高他们的数学水平和技巧有着重要作用。最后，让学生对数学阅读产生兴趣。心理学的研究显示，兴趣可以成为学习的驱动力，是智力发展的重要因素。一旦有了兴趣，学生会产生强烈的求知欲，积极主动地学习，这将使他们在阅读成功后体验到满足感，加强他们的阅读动力，也帮助他们从死记硬背式的阅读转变为有意义的阅读。因此，教师在数学阅读环节之前，应当积极营造氛围，激发他们的阅读兴趣。

（二）加强对学生数学阅读的指导

教师需要提升学生的数学阅读能力，因此必须对其阅读进行有效的引导。阅读时所使用的方法的合理性直接影响到理解的效率，良好的阅读方法可以助力任务的高效完成。

学生通常可以自主地掌握一些阅读方法，然而，他们往往无法主动利用这些技巧去优化阅读学习的成效，并且无法依据数学教材的特性，挑选符合自身认知发展阶段的阅读方法。这就要求教师提供科学的、明确的引导。教导学生通过钻研文本语言中的核心词语，理解数学语言的含义。

在数学的概念和定理之中，每一个关键词或字都负载着精确的含义。我们需要仔细分析和探讨，明确它们之间的关系，才能准确地理解这些概念。比如，"有且仅有"这个常见的数学表达，其中的"有"代表了事物的存在性，即明确的肯定其存在，而非不存在。"仅有"则表示事物的唯一性，意味着不会超过规定的范围。也就是说，不应直接接受教材中的理论，而是应主动思考教材中提供的材料，预测接下来的结论，不仅要通过阅读来获得知识，还要通过积极思考和分析材料来寻求知识，从而真正掌握知识。

当学生们进行数学阅读时，教师应该引导他们摒弃被动接收的阅读方式，而逐渐养成主动寻求的阅读方法。在阅读数学内容的过程中，应在必要的时刻停下来，主动思考，独立地猜想、探索答案，以此进行主动寻求式的阅读。需要通过构建"可能是这样"和"是否是这样"的假设，使用随后阅读的内容来检验和验证这些假设，寻找到与阅读内容相一致的肯定答案，也即否定自己的假设。阅读和理解的过程，就是一种探索的过程。对学生进行主动寻求式阅读的训练可以培养他们的探索精神，对于促进他们从简单的对数学符号的肤浅识别转变为深度理解数学符号背后含义有着巨大的帮助。

（三）督促学生形成良好的数学阅读习惯，提升自我管理能力

本质上，学习数学需要自我驱动，因此，学生阅读数学材料时应该是自主的行为。但是，学生在阅读数学材料的过程中遇到的问题，并不是由他们的智力水平引起的，而是由他们缺乏阅读意识和自我控制力所引发的。实际上，只有学生能够积极地以超越喜好的阅读观进行阅读，并为满足各种学习需求赋予自己能力，才能充分发掘阅读学习的优点。在这方面，教师在指导阅读方法的同时，也需要有条理、有目标地培养学生良好的自我管理能力，这显得格外重要。只有学生能够精确地计划、监督和管理自己的阅读过程，才能真正提高他们的阅读能力。

# 第三节　高职数学运算能力的培养

在高等职业教育体系下，数学运算能力被定义为数学逻辑推理能力和运算技能的结合，其主要显现出两大特性。一是综合性，标志着它不能独立存在和成长，而是要依赖于记忆、理解、推理、

阐述和空间想象等各种能力的相互补充和提升。因此，提升数学运算能力并不只是关注单一技能，而需要全方位的提升。二是层次性，其提升通常是一个从简单到复杂，从低级到高级，从具体到抽象，逐步提升的过程。一个人的数学运算能力的强弱特别体现在计算的快速性、准确性、推理的合理性、解题方法的灵活性和创新性等多个方面，而且这些方面都是相互交织、互相影响的。

## 一、建立良好的知识结构能够帮助学生掌握数学思想方法，提高运算能力

根据数学教育心理学的理论观点，数学思想方法有四个层次，第一层次是面对特定问题的解决方法，第二层次是面对一系列问题的通用方法，第三层次是数学思想，比如分类思想、简化思想、函数思想等，第四层次是数学观念，主要包含抽象意识、推理意识、简化意识、整体意识和应用意识等。

在具体运算中，该做什么和怎么做都与数学思想方法息息相关。这四个不同层次的思想方法往往综合发挥作用，我们的注意力会持续在不同层次的思想方法之间切换，并且会不断反思和优化我们的运算方法。学生的知识结构与他们对数学思想方法的理解是相互联系、相互影响的。一方面，良好的知识结构确实能够帮助理解和掌握数学思想方法。另一方面，对数学思想方法的深入理解也能助力学生构建合理的知识结构。数学思想方法的形成离不开相应的知识基础，同理，运算方法作为具体的方法层次，也是如此。它既受到高层次数学方法的指导，又受到一定的数学知识的支持。所以，要提高运算能力，就必须重点帮助学生构建合适的知识结构，并在此过程中，总结数学思想方法。

## 二、提升运算能力应兼顾低层次思想方法与高层次思想方法

数学思想方法具有层次性，低层次的数学思想方法构成了解题的根本。低层次的思想方法在运算过程中频繁被运用。面对复杂的计算问题，常用的方法是先把它分解为几个比较简单的子问题来解决。在解决这些简单的子问题时，常常会用到这种方法。没有一定的质和量的低层次数学思想方法的积累，运算能力的提升就成为无源之水，无本之木。因此在教育过程中，不能由于过分强调高层次的数学思想方法，而忽略对低层次数学思想方法的训练。

另外，如果不把低层次的方法进行抽象，不提升到更高层次的数学方法的认知层面，那么学生能够掌握的往往只是具体的操作步骤，思维水平难以达到一个新的境界。经年累月，学生可能很难领悟到学习数学能够改换他们的思维模式。如果能够对具体的方法进行概括，提升到更高层次的数学思想方法，就能避免上述的局限性，同时也能助力学生理解具体方法的核心和逻辑思路，领略不同方法之间共性，让众多具体的方法稳定在高层次的思想方法的"固着点"。因此，通过对具体方法的深入处理，依照一定的层级结构组织方法，就如同计算机中的"目录树"，使学生在解题时可以快速检索和提取，从而提升运算能力。

## 三、重视运算的难易程度、方法的逐层深入与教材内容的顺序相协调

在教育过程中，根据学生的现有知识水平去设定合适的教学目标是必要的，比如极限的运算。极限是微积分课程的关键内容，当学生初次接触到微积分，对极限的理解处于初级阶段时，教学的重点应该是使学生清楚理解极限的含义，而不是呈现一些较复

杂的技巧性运算难题。复杂的难题往往会消耗学生大部分的精力，使他们把大部分时间放在答题技巧上，无法充分地从直观视角去理解和感受极限的概念。

经验告诉我们，许多学生在探索技巧时主要还是停留在模仿阶段，这在一定程度上有助于他们理解极限的基本概念，但效果却不尽如人意。一些学生在完成微积分学习之后，对极限的概念仍未完全理解，这主要是因为他们在初期阶段并没有对感性材料进行充足的理解和领会，而是直接进行公式的抽象转换。

# 第四节　高职数学思维能力的培养

## 一、在数学教学中揭示思维过程

（一）揭示思维过程是提升学生学习积极性的有效措施

首先，在教学过程中，教师要通过揭示数学的演变历程以及数学理论的形成轨迹，并展现数学家是如何针对命题发展并运用证明的思维过程，一系列的思维过程始终贯穿于知识学习中，这样可以让知识有生命力。这种方法能帮助学生真正理解数学知识不断深化和发展的动态过程，有助于启发他们的思维，同时激发他们的学习兴趣。其次，展现出思维过程其实是始于设立一个良好的问题情景，这对于塑造良好的内在驱动力是非常有利的。

（二）揭示思维过程是形成程序性知识、建立良好知识结构的需要

揭示获得知识的思维过程，能帮助学生了解知识的来龙去脉，参与到知识的创造和发展，更深入地把握知识体系，理解知识之间的联系，认识数学知识的本质，加强他们的理解和记忆，避免

无意识的机械记忆或者片面理解，从而牢固掌握相关知识。揭示获得知识的思维过程是连接新知识和基本知识的过程，也是建立知识结构的过程。

（三）揭示思维过程是培养学生数学思维能力的根本保证

一个人的数学素质，不仅仅取决于他所获得的数学知识的多寡，更关键的是他的思维分析和解决疑难问题的能力。在教学过程中，除了指导学生如何产生"思维活动的成果"，还需要引导他们理解"思维过程"。如果仅仅把答案给学生，而忽视了探索过程，会导致学生的思维模式变得僵化或者陷入固定套路。通过解析数学问题，展示思维过程，可以帮助学生深度参与到教学过程中，挑战固有的思维习惯，掌握解题的实质，发展出正确的思维方法，从而在实践摸索中获取经验，汲取启示，并进而提高数学水平以及培养出创新的数学思维能力。

1. 数学概念的教学

不应直接向学生灌输定义，让他们机械记忆，而是要重视帮助他们理解形成概念的过程。许多的数学概念都是来自实践。在教学过程中，应当先从实际例子出发，让学生有直观的认识，然后进行分析、综合、抽象和总结思维活动，从而形成概念。数学概念是人类思维的成果，而数学概念教学是对人类创新思维能力的最佳培养途径。

2. 揭示数学规律形成的思维过程

讲授数学规律（包含法则、公式、公理、数学思想和方法）需要经历从实际到理论的过程，其中涵盖了推测以便得出结论的过程。这个过程包括观察、比较、设想、分析、综合、总结和概括的思维过程。我们不仅需要让学生理解数学的结论，同时还要挖掘其深层理由，追溯其源头，理解结论的来源，让学生参与结论的推理过程。

3. 揭示解决数学问题的思维过程

通过揭示解决数学问题的思维过程，让学生掌握思维方法，进一步提升分析和处理问题的能力。在教学过程中，应重点强调解题的思维过程，指导学生去观察、分析、总结和猜想，找到解题的关键点和正确的方法，展示失误、受挫及选择思路的过程。

4. 揭示知识总结的思维过程

在对已经掌握的知识进行整理和分类以实现系统化的过程中，要揭示并清晰理解各部分间的关系，通过比较分析它们之间的不同点和共性，形成知识的脉络。教科书中的定义、定理、公式、公理和法则等，都是数学家们创新思维的成果。但是由于一些原因，学生所看到的往往只是结论，对于发现的思维过程缺乏了解。

在数学教学过程中，教师需要尊重数学的发展规律，激励学生借鉴和学习数学家的思维方式。这可以通过鼓励学生进行阅读、观察、实验、对比、综合、总结以及讨论等活动，帮助他们独立地发现问题，主动地分析问题，并最终解决问题。因此，数学教学要揭示数学思维过程，让学生亲身参与体验数学化的过程，并自行探索和"发现"答案。

## 二、培养发散思维能力

教师在大规模应用富有发散性思维的素材的同时，借助广博的资源搜集和教材的深度研究来培养学生的思维能力。同时，教师要指导学生开展多元化的训练，从多角度去认识和挖掘问题的层次性。每一个数学问题都包含在一个问题群的共性中，我们能通过认识这一共性，掌握如何解决这一类问题的通用规律。虽然每个数学问题都有其共性，但也一定有各自的个性。对问题个性的深入理解，会帮助我们更好地抓住问题的本质。故此，教师在强调问题的共性时，也应对问题的个性进行深入的研究，以便更准确地理解问题的真正含义。通过多元化思考评析一系列问题，引导学生从不同角度深度思考，拓宽思维的维度，找寻新的解题方法。这对于培养学生的思维活跃性、敏感性和创新性，发挥着至关重要的作用。

# 第五节　高职数学应用能力的培养

## 一、高职数学应用教学要遵循的原则

### （一）可行性原则

在讲授数学应用技巧时，教师应对照学生已掌握的数学知识，同现行教材紧密结合，满足教学需求，并与课堂教学进度同步。不能随意增大难度或加宽范围，导致产生两套不一样的教学体系，偏离学生的真实需求。因此，寻找"切入点"是关键，引领学生把掌握的知识融入应用中，达到在实践中进步的目标。

### （二）循序渐进原则

在数学应用的教学中，应根据学生的具体学习水平进行调整，采取循序渐进的教学方法帮助他们克服对数学应用的畏惧，进一步激发他们的学习积极性，从而对数学应用的教学产生积极的推动作用。例如，在传授数学知识时，可以在讲解的过程中描述出该知识的实际应用场景，应用部分应突出强化训练，逐渐推进让学生使用已有的数学知识来阐述一些实际状况，描述一些真实的现象，模拟解决一些特定的应用问题，接着独立处理一些现实问题，最终他们能够自主发现、提出一些实际问题，并有能力构建数学模型进行解答。

（三）适度性原则

在进行数学应用教学的过程中，教师需要妥善控制几个关键的度，包括难度、深度和量度。数学应用教学的目的并不只是让学生增长大量的数学知识，也不是单纯地解决一些具体的问题，而是要提升学生的数学应用技巧，增强他们的数学修养和能力。

## 二、提升高职数学应用能力的方法

（一）在设计课程内容时，强调数学的实际应用

编写高等职业教育数学教材时，必须对其实用性表现出高度的关注。这不仅仅是"融入更多的实际数学知识""在案例与习题中嵌入更多的实际应用"，或是"加强理论与实际的结合"，而应该在教材的设计与编排结构等各方面进行深入思考。因此，从应用数学的视角来审查数学教材的设计，我们需要特别注意以下三点：

①指导学生从日常生活中寻找数学问题，并运用数学知识解决实际问题。

②通过实际应用来构建、使用和创新数学知识。

③在这个过程中培养他们的兴趣、态度和思维。

（二）创建将理论与实际相结合的学习情境，以提升学生的应用能力

在教学过程中，应始终贯穿理论与实际相结合的理念，不仅可以提高学生的数学应用能力，也能激发学生的学习兴趣。在高职的数学教材中，应呈现具体的数学观念和问题解决策略，并以实际问题或实物模型的示例进行阐述。

举例来说，我们通过"膨胀的正方形金属薄片"的模型对微

分进行解析，利用"曲边梯形的面积"的模型对定积分进行讲解，等等。教师不仅应充分地利用现有的教科书，而且还需要根据教学的实际需要来更新和补充教材的内容。同时，应整合现代科技和社会经济生活的新视野和热门讨论，使数学教育能与时俱进。我们需要鼓励利用数学手段来解决实际问题，增强学生的社会责任感，并让学生在学习数学的过程中，深刻感知到数学的实用价值。

另外，教师可能会在每个课程单元结束时为学生提供一到两个与当期课程内容相符的数学应用案例进行参考学习，并鼓励学生撰写数学论文进行探究式学习。这种方式旨在打破学生只是接收教师讲解的传统学习模式，创建一个开放的学习情境，提供多元化的知识获取途径，让学生得以将所学知识融入生活，培养他们的创新思维能力和实践操作能力。

（三）重视课堂教学，逐步提升应用能力

培养、提高学生的数学应用能力不是短期内能实现的，也无法仅靠几节针对数学应用的专题课程来完成。不应抱有在一两次解决问题的过程中就能形成学生的数学应用能力的期待，也不能低估对简单数学问题（包括日常生活中的问题）的解决对学生数学应用能力的提升作用，这个过程需要充足的时间。课堂教学是关键，教师需要在合适的时机着意启发学生的应用能力，通过持续的内化、反复、交叉、层层递进、螺旋上升、持续深入的过程，让学生的应用能力从无意识或无目的状态逐渐转变为有意识有目的的应用。

1.注重数学知识的来龙去脉

实际需求与数学的内部需要对知识的形成有推动作用，学生们所习得的知识深深根植于实际场景之中。在课堂教学过程中，教师需要高度重视知识构建的过程，避免过分关注结果而忽视了过程。事实上，知识的形成过程是先辈们实践探寻和思考的结晶，其特质在于归纳总结的方式是由特殊到一般，从具体到抽象，从感性到理性的演变。如果学生能够熟知知识的形成过程，将有助于他们深度挖掘数学哲理，领略其实际背景的构建思维，这将为他们未来创新地运用数学奠定基础。

通过生活场景来引入新知识，既能帮助学生在实际中找到数学的应用价值，也能向他们展现如何从数学的角度来理解和处理实际问题。例如，可以通过实际问题或者实物模型来引入概念和定理。举个例子，在讲授函数最值的时候，可以引入最大利润问题作为例证；在讲述概率的运算时，可以举出保险收益和彩票中奖的例子等，这些有利于提升学生的数学应用水平。在教学过程中，实际问题常常用于引领新的课程内容，这样既能避开单一乏味的教学模式，又能增强学生的应用能力，提升他们的数学建模能力。另外，这种方式也产生了一种吸引眼球、充满新鲜感的学习氛围，从而鼓舞学生对新知识的求知欲。

2. 激励学生运用数学视角去描述客观的事物和现象

事物在生活中的不断变化使我们在最初观察时无法直接把握其数学含义，这让我们必须积极去挖掘和寻找出与数学有关的元素。只有确定了事物的数学元素，我们才能深度研究它们之间的关联，寻求其中的规则，从而找到解决数学问题的方法。用数学的方法来描述事物和现象，这是运用数学知识处理实际问题的核心步骤。

3. 积累数学应用的实例，加深对数学运应用的认识和感悟

随着科技日新月异，数学的应用领域也在不断扩展，越来越多的人开始认识并肯定其价值。它不仅在生物技术、核能、石油、通信、密码的编译与破译等技术领域有着应用，同时也在人口规划、资源开发、生态均衡、环境保护以及市场预测等公众关注的议题中扮演着重要角色。这些数学应用实例所隐藏的丰富的内容给学生们带来了知识的触动与挑战，激起了解决问题的欲望和动

力，并在学生间创造了一股积极的探索氛围，帮助他们找到创新的解决方法。有吸引力的解决方案能够激起学生的热忱，大大缩小了学生心目中数学与现实世界的距离，使他们切身感受到数学的实用性。

4. 为学生应用数学知识解决实际问题创造条件

提升学生的实践应用能力的最有效方法，是给他们提供直接应用实践的机会。教师通过设计专项活动和实践课题，给予学生在真实或模拟环境中寻找答案的机会。比如，学了"矩阵、线性规划"后，教师组织学生去物流公司实地调研，让学生能够深入理解知识的实实在在的应用。再比如，学了"统计知识"后，让他们进行社会调查工作，如调研同学们家庭的年收支情况，对孩子和父母身高关联性的调查等。这种方式大大提高了他们的实际应用能力。

# 第五章　高职专业人才数学应用意识的培养

## 第一节　高职学生对数学应用的认知

### 一、高职学生数学应用意识的体现

高职教学的宗旨在于培养具有实践精神的应用型人才，因此，数学教学应紧密结合实际，偏重于应用教学，切忌过分强调严谨的逻辑和思维训练。在高职学生中，数学的应用意识可以在三个不同层次中得到体现：首先，在实践上，体现在能够借助数学的角度去理解问题，并能主动运用数学知识、思考方式和方法来剖析和解答问题；其次，在知识上，体现在能够把数学知识和实际来源背景相结合，从而领略和发现数学知识的应用意义；最后，从数学学科本身角度看，体现在能够理解数学学科的科学含义，及其美感和实际应用价值。

### 二、高职学生数学应用意识的主要特征

依据数学应用意识的含义和主要特点，高职学生展现出数学应用意识的以下特征。

（一）自觉性

自觉性表现在处理问题时自觉运用数学知识、思想和方法。数学应用意识总是潜移默化地指导着人的行为，并具有迁移性，那就意味着，一旦学生将来遇到类似的问题，他们会主动运用以往解决问题的数学思维来处理当前的现实问题。

（二）能动性

能动性是数学应用意识的根本特性，表现为个体参与数学应用活动时的积极性和创新性。进行实践活动的个体总是有明确的目标，要有特定的计划和策略作为指引。具有强烈数学应用意识的人在面对现实问题时，善于从数学的视角去理解和解析问题，然后积极主动地调用现有知识，提炼出问题的数学模型，并能有效利用这种数学模型来管理和调整自己的实践活动过程。

（三）发展性

随着个体知识水平的提高，数学应用意识也在持续地发展。知名教育专家和心理学者赫尔巴特提出了意识阈这个观点，他认为人们的认知水平受到意识阈的影响，而意识阈又是持续变化的，一旦出现新的意识阈，人的认知水平限制就有可能被打破，进而向更高阶段发展。因此，通过全面的培训，高等职业学校的学生的数学应用意识水平将有可能得到提高。

# 第二节　影响高职学生数学应用意识的原因

## 一、培养方向和环境方面的原因

对数学应用的驱动力是产生数学应用意识的必要条件，并且这种驱动力对意识有着重要的导向作用，也就是说，意识具有方

向性。再者，意识也是大脑对外部刺激的反应，这些刺激源自环
境。因此，要确定问题的所在，可以通过分析培养方向和环境来
进行。

　　首先，当前高职教育中的数学应用意识培养定位不够准确。
一方面，教师和学生过度关注将数学应用意识的培养集中在考试
上；另一方面，他们又过度局限于数学内部的应用，没有进行必
要的扩展和延伸，使数学应用意识的教育和真实生活脱节，难以
激发学生的兴趣。

　　其次，目前的高等职业学校所提供的对学生数学应用能力的
培养环境相对较为匮乏。从学生的角度来看，大部分在高等职业
学校的学生并未在应试教育中取得优异的成绩，他们缺乏学习的
积极性，并且没有形成良好的学习习惯，他们的学习基础也大多
数相当薄弱。尤其是在数学领域，许多学生的基础知识未能达到
高中毕业生平均水平。在这样的情况下，学生对学习失去了兴趣，
而教师也不愿把精力专注于应用方面。从教师的角度来看，很多
教师同样是传统"应试教育"的受害者。他们在数学的教学上和
实际生活的关联并不密切，这常常导致他们在应用和实践的能力
上存在缺失。由于工作环境对此领域的忽视，以及对专业训练的
缺失，多数人在教学中对于培养学生的数学应用能力表现出积极
性不足。从家庭和社会的视角来看，还是缺乏一个合适的外在环
境来助力提高高职学生的数学应用意识和才能。考虑到就业市场
的严峻形势，大部分家长只期待他们的孩子能获取专业知识和职
场技能，却未能给予学生一个能够真实应用数学知识的机会。类
似地，在社会环境中也存在这样的情况，各行各业对于数学能力
的要求和学生的日常生活之间仍然有着明显的差距，因为他们通
常很少接触科学知识的阅读，对于数学应用的基本理解也相对缺
乏，学生目前的数学知识和实际的生活经验并没有相应的关联，
涉及到数学应用就无法开展。在过去几年中，很多高等职业学校

的数学课时不断减少，这在一定程度上反映出社会和家庭对数学的忽视。因此，优化高职数学教育的培养方向和环境刻不容缓。

## 二、课程体系和教材内容方面的原因

实施高职教育的目标是培养高素质的技能型人才，尤其是高级技术人才。尽管如此，多年来，高职的数学课程架构和教材内容仍然遵循普通高专的教学模式，普遍存在过于关心科学性和逻辑性而忽视实用性和应用性的情况，具体主要体现在以下几方面。

（一）对数学学科的目标定位模糊性并且在理解层面存在误差

缺乏对高等职业教育数学课程"必需、够用"标准的正确认识，导致了学科目标定位的模糊。一是继续沿用传统的高等专科"学科化"模式，使课程内容演变为"精简版本科"，具体表现在内容上对本科教材的裁剪和补充；二是片面性地理解"适度、够用"的要求，陷入了"功利主义"。此种观念认为，只要高职数学能对专业课起到服务作用，那就已经足够。这将数学课程视为一种"辅助"，过分强调其"工具性"的角色。

（二）课程单一满足不了各类学生的学习需求

在原有的高等职业教育体系中，各专业的数学教育目标已被统一设定。由于以此为基础设定的课程体系，统一规定了内容、进度和考核标准，所以它并不能满足多元化的专业培养目标和后续专业课的学习需求。这样的体系设置让各个专业的学生在学习专业课程时，常常面临着学到的知识不足或无法应用的问题。这种现象凸显出我们在设计数学课程时存在一些问题。

（三）现行教材应用针对性不强

目前的高职数学课本过于关注学科逻辑结构和严密的知识体

系，而对于知识来源、知识演变以及与实际生活问题的联系则没有足够的重视，这导致了数学知识在实际应用和具体针对性上的缺失。因此，鉴于难以将数学与日常生活实际对接，大部分的高职学生产生了"数学无用"的想法，这也是造成他们对数学学习无法产生兴趣的关键原因。

目前使用的高等职业教育教科书过分注重知识体系的逻辑与完整，课程范围试图覆盖所有方面。这种做法并不能满足高等职业教育新阶段对数学课程的需求，反而导致了课程内容冗余、教学时间紧张的问题。近年来，由于就业环境的严峻，各高职院校纷纷加强专业课程的教学，延长了专业学习和实习的时间，相应地减少了数学等基础科学的教学时间，这进一步加剧了数学课程教学内容过多、时间过紧的问题。在时间有限的情况下，教师为了完成教学任务，只能匆忙赶进度，普遍采取纯理论的教学方式，少有重点内容的实际应用教学，这样既不能激发学生的学习兴趣，也不利于培养学生的数学应用意识。

由于受到传统的教学思维的限制，高等职业数学教材的修订过程中过于注重对理论知识的逻辑结构调整，而忽视了对实际应用的重视。教材中还常常使用一些过时的应用实例，这些实例无法吸引学生的关注。比如，"概率"章节中的例题和习题大都改编自过去的老教材，如抓球、排队、产品抽样等老旧问题，这些题材与现实生活脱轨，抽象性过强，无法激发学生的实际应用意识。在数学教学中，教师常把例题和习题仅作为解释定义和定理的工具，忽视了其应用价值，教学中的数学作为解决实际问题工具的思想被忽略，这不仅不利于培养学生解决问题的能力，也对学生应用意识的培养产生了负面影响。

## 三、数学教学方面的因素

高职数学教学是为专业教育服务的，它遵循"必需、够用"

的原则。在保证知识系统完整的同时，高职数学教学的基本目标是提高学生的素质，以及知识应用意识与能力。然而，由于对高职数学教学的认知不够深入，以及相关研究存在的问题，高职数学课堂教学在实现这一目标时发生了明显的偏离，具体表现如下。

（一）教学课时相对不足

高等职业教育的目标在于培养应用型人才，因此它更注重学生专业技术的掌握，而像数学这类基础学科的重视程度不够。近年来，鉴于就业形势严峻，诸多高等职业院校增设了专业科目教学和实习的时间，相应地减少了基础科目的课时。如此一来，数学教师如果想要花更多时间培养学生的实际应用意识和能力，便遭遇了难题。

（二）教学中只注重知识的传授而忽略了应用能力的提升

本应注重应用的高等职业教育，在教学实践中却过度倾向于理论教学，过分强调知识体系的完整性。老师在教学过程中较少重视知识的发展过程、数学理念与实际生活的联系及其应用价值，导致学生对数学知识的理解和实际应用严重脱节。部分教师对数学应用教育存在误解，认为只要将教科书上的应用知识讲清楚就能达到教学目标。由于这种误导性的应用教学观念，教师忽视了学生在教学实践中的主体地位，不仅违反了应用教学的初衷，也无法真正培养学生的应用意识和创新思维。

（三）学生学习方法单一

学生们获取知识的方式相对单一，多数的数学知识都是依靠课本和教师的指导才能得到，他们几乎没有独立探索知识的经验，对于知识学习的反思和修正也显得不够。在课堂教学上，激发学生的学习热忱和积极性没有得到充分的关注；过分注重知识结果的讲解，而忽视探索过程；往往先直接给出概念，再进行验证和推导，这样的状况非常普遍。由于缺少学生主动探索和发现知识的阶段，学生的学习兴趣未能被点燃，他们的创新能力和应用意识也难以得到有效培养。

（四）教学内容脱离应用实际

即便高等职业教育的数学教材经历了数次修订，但总的来说，这些教材依然拘囿于传统的教育观念。从教材的角度来看，它们更多的是传递数学理论和逻辑体系，而不利于视培养学生实际应用数学的能力。教材里的应用题目并未真正解决我们日常生活和工作中遇到的数学问题。绝大部分题目依旧是旧教材的内容，一些题目内容已经过时，无法真正激发学生的学习兴趣。如今，数学已经应用在人们生活的各个领域，但在这些教材中却很少包含我们在实际生活中会遇到的人口增长、生态平衡、市场价格、股票指数、银行利率等需要数学计算的问题，这表明了教材对"实际应用"的理解是与实际生活脱节的。教学内容在很大程度上反映了数学应用的现状和水平。

（五）教学过程忽视应用意识

高职数学教学方向历来大都偏向于理论知识的讲解，常常疏忽了数学应用的内容，很少引导学生去深入挖掘数学精神、数学价值、数学定理的形成及发现过程，以及数学在科学进步中的作用等各种议题。这使学生对数学的理解过于片面和有限，大部分学生对数学的认识仅仅局限于逻辑证明和计算环节，甚至只将数学视为一门应对考试的必修科目。

在高职数学教学过程中，经常忽略了培养学生应用思维的重要性，缺少了"数学来源于现实生活"的述说。教师过于关注数学的概念、定理的讲解，以及证明和推导过程，而忽视了其实际应用，忽视了数学与人类日常生活和生产实践的深度关联。应用题目的教学强调的是对知识的加深理解和巩固，以及详细步骤的练习，却忽视了应用过程的剖析，以及对数学应用意识的培养。此外，学生们的基础知识薄弱，同时，教师对应用意识的认知不足，应用能力不高，这些都对学生的数学应用意识和应用能力的发展带来了严重影响。

# 第三节　高职学生数学应用意识教育策略

## 一、高职数学教学观念的改革和优化

首先，要改变教师观。鉴于高等职业教育的特殊性，高职数学教师必须树立前瞻的教育观念，必须深刻理解并研究高职教育的培养模式、基本特征以及未来趋势，从而对高职教育有更深的认识。高职数学教师需要具有广泛的知识结构和全面的能力。在建构主义的理论视角下，教师是教学活动的指导者和组织者。在引导学生形成数学意识的过程中，教师需要设定鼓励学生建立数学应用意识的场景，并充当学生数学应用意识发展的组织者和指导者。教师需要具有较高的能力素养，包括运用知识解决问题的能力、指导学生实际操作的实践能力、学习相关学科新知识的能力、理性思维和综合管理能力，以及创新和教学科研能力。

其次，要改变学生观。教育应当以学生为核心，尊重学生的成长规律，最大限度激发他们的身心潜能。如哈佛大学发展心理学权威霍华德·加德纳所述，教育的关键目标应侧重于发展学生的多元能力，并用这些能力帮助学生找到适合自身特点的职业和兴趣。教师应当引导学生在学校教育中找到至少一项自己擅长的事情，这将能激发学生积极地追求自我兴趣。这种追求不只能提高学生的学习热情，同时也能为学生稳定的学习提供原动力。然而，在高职教育中，学生的多元能力常常未能得到关注，他们的才华没有得到充分的挖掘和认可，这无疑是对学生资源的一种巨大浪费。职业教育应当认识到智力的多样性和广阔性，并加强对学生的引导和教育，挖掘和发展他们的潜力，以培养出满足社会经济发展要求的高质量技术型人才。

最后，要改变教学观。针对高职数学教育，应注重其实际应用价值，满足"必需、够用"的需求；在教学内容上适当加强针对性与实用性，摆脱学科的禁锢，根据综合化思路对内容进行调整和融合。由于高职学生毕业后需要去生产第一线解决实际问题，因此，必须突出以技能为基础的原则。高职数学课程应明确学生的知识技能培养要求和评估方法，教师和学生应以课程设定的目标为中心进行教学，学生在学习过程中不仅需要动脑，而且需要动手，在实践中实现知识向能力的转化。

高职教育的目标是培养专业应用型人才。为了达到这个目标，高职教育应以提升学生职业适应能力为主导。像数学这类高职教育的基础课程，目标并不仅限于理解和掌握数学知识，而应扩展到将数学应用于专业学习，进而为专业的发展服务。因此，高职数学教学观，应着力于服务专业，并注重突出应用性的核心特性。这一教学观包含理解专业发展所需的数学知识，并学习如何运用这些知识，带来一个基本预设：只有在学生掌握专业基础知识及其应用于问题解决的基本思想和方法后，他们才能有效地运用数学知识进行思考和解决问题。作为高职数学教师，要将教学观有效融入教学过程。首先，教师需要理解数学应用的重要性并改变传统以知识为主导的教学方式。其次，教师应以提升学生职业胜任力为出发点，将相关的知识、技能和方法视为教学重点。最后，教师需要关注教学方式，强调应用型教学，提升学生的应用意识和能力。

　　数学教师应树立全新的应用型高等职业教育数学教学观。数学教师需摈弃那些与高等职业教育不相容的教学观念，积极寻求将理论教学与实践教学相结合，确立"面向专业需求，融入建模观念，淡化严谨形式，注重应用思维"的全新高等职业教育数学教学观念。

　　面向专业需求强调的是数学教育对专业领域的贡献。比如在挑选教材内容时，按照"必需、够用"的原则，选取与专业发展紧密相关的数学知识，根据专业的最新发展情况进行及时调整，实现知识模块化，并优化各模块知识的整合。数学教学案例尽量选择专业的场景，以强调数学知识的实际应用性。融入建模观念强调借助有效的教学方法，将建模理念深入到数学教学的每个环节，让学生理解并掌握数学建模的重要性和方法，提升他们应用数学模型解决实际问题的能力，增强他们的实际问题解决意识。深化严谨形式是指不过分强调知识的形式严谨性，但会充分考虑学生的理解能力，尽可能地将数学知识与学生的实际生活情境结合，用易懂的教学语言和方式解释和传授知识，使学生对数学知识的理解和掌握更深入。注重应用思维是指关注高职学生利用数学概念、公式和方法解决实际问题的意识和能力，强调理论与实际的结合，而非抽象的智力提升。"面向专业需求，融入建模观念，淡化严谨形式，注重应用思维"的教学观念，准确抓住了高职数学教育的独特性和核心需求，提供了由传统教学方式向应用型教学方式转型的引导，所以在本质上是科学的，值得我们在实际教学过程中去深入理解和掌握。

　　总的来说，作为教学的引导者和组织者，教师的教育观念对学生的成长产生直接影响。此外，教师应该适应时代发展需求，通过持续深造，来提升他们自身的行业素养和应用能力，并以切身的指导帮助学生从实用性的视角去真实地感知和理解数学知识。

## 二、完善数学课程体系结构，强调职业教育特性

### （一）数学课程要适应专业发展的要求

我国职业教育改革的逐步发展使当前的高职数学课程体系中存在的问题如过度同质化、缺乏实用性、与专业课程教学不相匹配等问题日益凸显。目前的数学课程体系无法满足高职数学发展的目标和需求，因此改革势在必行。

高职数学课程的改革应遵循时代和专业发展的需要，突出其实用性，并且重点提升学生的数学素质和能力。高职数学课程的内容和结构应倾向于满足专业需求，以助力专业的发展。依据"情境设置、知识呈现、实际应用"的教学模式进行教学过程编排，我们在教改过程中体会到，教改的根本目标是妥善处理"方向""需求""服务"的问题。而课程建设是改革的关键。

高职数学课程体系结构可以划分为以下几个部分。

1. 基础型模块

这部分主要包括函数、极限与连续以及一元微积分等内容。这部分是高职数学的基础，包含了基础的数学概念和数学方法，也是各专业的必修内容。对于这个部分，教师既要做到深入浅出的讲授，将知识深度讲解以确保学生理解；又要通过基础训练，让学生初步掌握用所学知识去分析和解决问题的能力。

2. 选学型模块

这一部分知识的主要特点就在于其专业性，模块主要涵盖微分方程、多元函数微积分、线性代数和概率统计等，具体涉及的内容需依据专业特性认真研讨后才能确定。对于这个模块知识的教学，可采取相对灵活的方式，如通过案例的引导，问题情境的设定，或是围绕某个数学应用问题，配合专业实践活动具体展开。教师在传授知识时，应提升学生应用知识的意识和能力。

3.应用专题型模块

这部分主要介绍了最新的数学方法和工具，进一步帮助学生理解数学的发展趋势和数学工具的适用性。它主要包含对先进数学计算方法、实际应用的数学软件以及一些著名的数学模型的介绍。该模块聚焦于演示数学课程的实用价值和工具性特性，针对此特性，教师在教学过程中，可以适度引入实验教学或建模教学的方式。通过实验教学，学生们可以学会如何运用数学软件（如Matlab/Maple等）以及数学计算方法。而建模教学旨在提升学生利用数学知识的综合能力，增强他们的应用意识。

（二）打破僵化的统一教材模式

在设计高职数学教材时，我们必须注重专业化和实践应用的相关要求，确保其具备针对性和实用性。在教材内容的挑选上，我们不应受统一教材模式的束缚，而应结合各专业和各学校的特色及优势，灵活编排适应其自身的教材。

（三）改革数学教学方法

提升学生的数学应用意识要以革新教学方法为突破口，科学地整理、再创造教学内容，以促进学生在学习和运用数学过程中提高其数学精神、思想和方法。数学教学不能忽略数学知识的实际价值，需要挑战目前过于关注概念、定义、定理、公式和命题的教学现状。数学教学应全面展示数学概念、理论和命题的起源及发展，体现数学思维活动在教学中的价值。在教学过程中，应通过实例导入概念，引导学生关注现实环境。教师应调整传统教学方式，紧密地与实际生产和生活相结合，关注学生现实技能和职业需求，设计职业场景，推动学生修正认知误区，体验职业活动，这样才能激活数学教学。过去，许多数学老师通过死记硬背的方式教育学生，让枯燥的数学公式和理论变得机械化，当使用这些知识处理实际问题时，常会感觉无所适从，难以将所学融入实际。因此，教师必须转变现有的教学方法，采用启发式、开放式和引导式的教学替代知识的灌输，积极为学生自主探求创造情境。

在教学过程中，教师应该将数学应用意识的培养融合在数学知识的讲授中，并把它和教材内容紧密地结合在一起，以符合教学标准，且与教学进度保持同步。

（四）完善数学实验课

通过数学实验，学生能直接参与到教学活动中，这是他们获得感性认识的主要方式。可以说，数学实验就是"实践数学"的过程。

数学实验课应充分利用现代化教学设备。我们需要关注计算机信息技术对数学学科的影响和渗透，利用计算机动态展示一些复杂且抽象的数学概念和分析步骤，帮助学生更直观地理解极限、导数、积分等，揭露数学现象的本质特征，验证定理，从而提升学生利用计算机解决数学问题的能力。通过开展数学实验，不仅可以使学生获得全新的学习体验，激发他们的学习动力，加深他们对学习内容的理解，更能让他们亲身体验到数学的实际应用情况。

数学理论课程和数学实验课应该同时展开，并且同步进行。在每个具体的实验课程开始之前，应明确实验会用到的数学软件，并建议选择相对经典、成熟的数学软件，通常可以选择使用 Matlab 或 Mathematic 软件。

（五）开展数学实践活动

数学实践活动极大地扩充和发展了课堂上的数学教学，它成为一座承接数学与专业领域的重要桥梁，以此来协助学生调整他们的学习方式。在教学中，我们倡导学生走出教室，投身企业的实际运营环境，去接触社会。例如，结合课程内容，让学生了解企业的生产流程、管理模式、供应链、成本分析、产值计算、利润预测及工程设计、项目计划、预算等各个层面，指导他们搜集实践信息，发现问题，提出问题，并建立适应真实环境的数学模型，以得出数学结果。在此过程中，引导学生分析这些结果的实际意义，验证这些答案是否与实际状况吻合，当发现结果与实际有偏差时，学会对数学模型进行修正。

数学建模是一种数字实践活动，同样也是一种创新的数学学习方式，已经变成了一种全球性的趋势和共识。数学建模的实质是利用数学的概念、方法和知识来解决实际问题的过程，为学生建立了自主学习的平台，帮助他们感受数学在解决现实问题中的价值和效果，理解数学在日常生活中与其他学科的关系，体验运用知识和策略解决实际问题的过程。参与数学建模活动能有效地激起学生的兴趣，引导他们主动解决问题，进而加深对数学基本知识、基本概念的理解和运用，进一步提高数学应用技巧，增强数学应用意识。

## 三、联系实际并强调数学应用教学

数学教学在高职教学中以强调应用价值为目标，遵循"必需、够用"的原则，着重提升学生的应用思维和能力。然而，引导学生从"学数学"向"用数学"转变并非易事，这需要教师在各个环节进行积极引导，提升学生实际运用数学的意识和能力。

### （一）体验数学知识产生的实际背景，注重知识的构建过程

现实世界是数学知识的发源地，多数抽象的数学理念及其定理都有实际背景。当教师讲述知识的具体产生背景时，便能拉近知识与实际生活之间的距离，让数学知识更形象、生动，以激励

学生对学习和运用知识产生兴趣。

从个人角度看，理解知识并不是瞬间就能达成的，深入的理解和领会知识需要一个由浅入深的过程。因此，对于知识的学习，不应该只重视结果，应更多地关注它的形成过程：从探索、思考到理解、掌握和应用。实际上，亲身经历知识的形成过程对学生来说更有意义。在教学中，教师应竭尽全能还原知识的原貌，积极帮助学生发现问题、揭示规律、形成方法。引领学生由一个普通的知识接受者转变为知识的发现者和参与者，这样更能激发他们的学习兴趣，提高他们主动应用知识的积极性。

事实上，教材中的许多概念、定理和公式可以通过观察、猜想和推理得出。介绍定理和公式时，教师需要引导学生独立思考，探索形成过程，这不仅可以帮助学生深入理解这些知识，也更能激发他们对数学知识的热情。

（二）创设适合教学的问题情境并引导学生自主探索知识

教学问题与生活事务紧密相连，这是问题情境的本质内容。在教学中创设实际有效的教学问题情境，不仅有助于学生体验数学知识带来的趣味性，激发他们的学习欲望，同时也有益于强化他们对知识的体验、理解和掌握。问题情境经常作为书本知识与日常生活紧密结合的纽带，良好的问题情境有助于学生深入地理解知识的实际运用，掌握运用技巧和条件，这对于培养学生的数学应用习惯和提高应用能力非常有益。

在教师借助问题情境教学策略进行课程指导的过程中，他们常常会遵循"提出问题—联系知识分析问题—创建模型处理问题—应用和扩展"这种教学理念和思路。这种教学方式会对学生产生潜移默化的影响，使他们在遇到实际问题时，能够有意识地转化为数学问题来解决。所以，教师在教学中应致力于提升学生的分析问题及解决问题的能力，增强他们的应用意识以及应用能力。

例如，当我们进行等比数列的前 $n$ 项和公式的教学时，可以构建如下情境：一个球从 6 米高的地方掉落，每一次触地弹起的高度为前次的三分之二，此时我们需要解答的问题是：从初次坠落至最终停止，球究竟运动了多少的路程？这种教学策略采用了大家熟悉的真实情境，能够轻易地引发学生的学习热情。当他们的既有知识无法解答这个问题，产生了"认知缺口"的时候，教师就能适时进行公式推导的教学，帮助他们对新的知识有更深的领悟。

合适的教学问题情境设定可以将高职数学与现实生活、专业实践紧密结合，有助于引导学生主动探索知识，对于活跃课堂教学、激起学习热情和培养应用意识都有积极的影响。

（三）展现数学的价值，提高学生对数学应用的兴趣

数学源于生活，其吸引人之处在于其应用性。使高职学生热爱数学的关键在于让他们认识到数学的价值。通过开发生活中的教学资源，把数学的实质呈现在课堂上，可以将一些抽象的理念转变为更加精确、实际且有趣的知识。结合理论和实践的教学方式能让学生看到知识的实用价值，进而提高他们学习数学和应用数学知识的兴趣。例如，在讲授导数的时候，可以运用"变化率"这个概念来解释导数的含义。利用"气球膨胀率"和"高台跳水"这两个真实的问题，使导数这个抽象的概念在推断过程中变得更加生动。

总之，在进行高等职业教育的数学教学时，教师需要更新教学观念，增强应用性教学，通过理论联系实际，使学生能够理解数学知识在实际生活中的价值，进而提升他们的学习积极性。

# 第六章 高职数学教学中的人文教育与美育教育

## 第一节 高职数学教学中的人文教育

### 一、高职数学人文教育中的核心内容

（一）利用数学史的德育功能，塑造学生的高尚品德

数学史展现了科技进步的历程，同时也含有丰富的教育文化资源。在教学过程中，应当向学生阐述我国古代科学家的科技创新，以及科学家对世界历史文化的贡献。还应告知他们我国在社会主义建设和科技方面的显著成就。这样一来，不仅可以让学子们对我国古代文化的繁盛有所认识，也能激发他们的爱国情感，形成正确的政治认识和立场，增强文化自信。

（二）培养学生良好的思维品质

随着社会实践的不断积累，人类的思维能力逐步完善。在获取知识的过程中，思维能力也非常重要。思维既是一种才能，也可视作一种品质。在数学教学环节，除了训练计算技巧，更要注

重培养学生的思维品质，出色的思维品质是文化教育的核心要素。杰出的思维品质富有热情的理性思考，甚至不只是思考的才能，也包含了思考的决心，数学教学恰好是培育这种品质的最佳场景。因此，我们应该把引导学生培养面对难题不怯懦、积极思考、坚持不懈的品质作为重点。有了这些品质，学生的数学学习水平才能提高。

（三）创新能力

学习数学需要人具备强烈的知识探究欲望，没有对寻求新事物的浓厚兴趣，就无法开启创新思维。所谓的探究，正是具备发现问题、提出问题并试图对这些问题给出答案的能力。一题多解的能力在处理问题时显得尤其关键，这是培养和增强学生创造力的重要条件，可以帮助他们在新时期成为富有创新精神的人才。随着社会的进步和学科交叉的趋势，对人才全方位素质的期望也不断提升，社会需要越来越多的既擅长专业技能又深具人文气质的人才。

因此，数学教学必须确保人文素质教育的地位，这是品质教育的发展方向，同时也是社会、政治、经济和文化进步的必然需求。这对学生和整个社会来说都有着巨大的意义和价值。培养学生的人文修养，将在学生全面、高层次、网络化的科学知识掌握的基础之上，进一步推动科学和人文的相辅相成，促进人类和社会物质和精神上的平衡发展，为人类社会带来更多的进步。

（四）价值观教育

价值观决定了行为，而现今社会正面临着价值观混乱的重大问题。过分追求物质享受和偏离道德意识，使得一部分年轻人醉心于急躁和功利的思维方式。指导学生构建正确的价值观和人生观，已然成为教育者们的主要职责。在这方面，数学教育能在一定程度上帮助学生塑造正确的价值观，为社会提供一个正确的人文方向。

## 二、高职数学教学实施人文教育中的基本原则

在高职数学教学过程中强化人文教育必须考虑数学的特点，以及遵守人文教育过程中的实际规律，这样才能达到理想的成效。因此，要遵循以下几条原则：

（一）科学性原则

在数学学习中融入人文素养的培养，必须科学地应用数学知识，适当地进行。要恰到好处地融合，避免滥竽充数地拼凑；要有计划地进行潜移默化的影响，规避形式主义的空口号；需要紧密地与内容相结合，防止贴标签化的空洞教学。让学生在掌握数学知识的同时，享受到富有活力的思想教育。

（二）可接受性原则

在数学教育中，需根据各年龄段学生的心理特点以及他们对数学知识的掌握情况和思考能力，选择他们能够接受的教学内容，然后有目标地、有策略地进行各方面的人文教育。同一辩证观念对于各专业学生的教育影响程度会有所不同；同样，针对同一知识点的教学对于各专业学生的教学手段和方式也会有所差异。

（三）情感性原则

在数学教学过程中，学生的情感成为一种关键因素，它不仅包含知识的传授，更融入了情感的交融。通过教师对课程内容生动而深入的诠释，能够唤起学生的学习热忱。将情感和理智结合，用感染力去打动学生，不仅能在教学过程中提升人文教育的效果，同时也能在情感与知识的交融中进一步深化人文教育的效果。

（四）持久性原则

树立科学世界观和塑造高尚道德素质绝非短期可以完成，它需要通过缓慢的变革才能达到。把人文教育整合到数学教学中，不能仅仅作为临时的补救方案，应该在教育过程中，将人文教育和教育内容紧密结合，进行持久地、深入地培养和坚定地熏陶，这样才能让教育的价值自然体现，起到良好的成效。

## 三、高职数学人文教育功能

数学涵盖了广范深远的文化主题，其潜在的教育价值十分深厚。下面从一些角度简单探讨数学文化的教育功能。

（一）帮助学生形成正确的数学观

数学观是从数学视角整合了对数学基础理念的理解，涵盖了对数学真理、主题、方法的领悟和对数学学术、实用、人文、审美等各种价值的识别，它代表了对数学多元、全方位的洞察。数学文化将数学融入人类文化体系中，让学生意识到数学的形成和进步并非只是数学知识和技巧的叠加或逻辑的推理，每一项重大的数学发现，通常都与科学知识的突飞猛进相伴。同时，也让学生认识到数学对社会进程的贡献、对人类进步的触动，了解数学在科学思维体系中的位置以及数学与其他学科之间的联系。必须意识到，过去将数学单纯归于自然科学是有问题的，这忽视了数学的其他价值，对学生构建多元化、理性和综合的数学观念有阻碍。只有把数学放在宏大的数学文化背景下，才有助于学生建立更优质、关联、动态的数学观。

（二）发展学生的理性思维

数学的理性含义体现在其绝对客观、理性的态度，精准且定量化的研究方法，具有批判性的思想与开放的理念，以及抽象的、超越经验的思维模式。在学习数学的过程中，理性的思维方式是不可或缺的。教育就是为了培养学生有良好的思考能力，发展精细和严谨的处理问题技巧，即道出了理性思维的精髓。"数学是探索模式的学问"，它为大家展现了运用理性思维的一套"范本"。通过学习数学，会学到如何有效地思考。数学教育的核心就是让学生掌握这种思维模式，发扬数学的理性精神。在教学过程中，通过解答一系列的问题，让学生深度参与并体验到数学推理的力量和优点。

（三）培养学生的应用意识

数学应用意识是理解活动的一种形式，这种形式是由主体自发地以数学的视点来研究、解读现象、针对问题进行探究的。主体会运用数学的术语、知识、思维模式来描述、领悟并处理各种问题的心理倾向。这种意识起源于对数学本质特点和应用价值的认识，每当遇到可以用数学方法处理的实际问题时，都会引发尝试利用数学知识、思维和策略去处理的念头，并且能够迅速跟随科学合理的思考逻辑，找出一种更优的数学方式来解决，表现出主动利用数学的观念、策略来处理实际问题。若拥有了数学应用意识，学生将能够察觉到日常生活中，其实包含了大量的数学信息，数学在现实世界中有着广泛的应用。只有将数学和生活联系在一起，学生才能真实地感受到数学的应用价值，进而真正激发他们学习数学的积极性。

事实上，在当代生活中，数学就在我们周围，例如，在天气预测中的降雨概率，或者在日常的购物活动、购买房产、股市交易、参与保险等投资决策中，旅行中的路线选择、家居装饰设计和预算等，这些都与数学有着密切的联系。另外，当面对实际问题时，应该积极尝试使用所学习的数学知识和技术来寻求解决方案；在学习新的数学知识时，应主动寻找其在实际生活中的含义，研究其实践应用价值。在数学教育和实践过程中，需要不断培养应用意识，以便学生能逐步构建应用数学观念，将其转化为自己的思维和行动方式。通过数学文化教育，希望学生能在数学文化的熏陶下，增强对应用数学的认知和理解，从而能更深入地体会数学文化的内涵，感受社会文化和数学文化的互动。

## 四、高职数学教学中进行人文教育的途径和方法

（一）提高教师素质，增强在数学教学中进行人文教育的意识

对教师素质的要求随着时代进步而不断提升。作为一名教师，不仅要提升自身的专业知识和能力，还要秉持终身学习的理念，坚守不断反思和自我修炼之路，自觉学习，积极执教。把人文教育融入数学教学，就需要教育工作者深入学习数学教育的理论知识，反思和更新自己的教育理念，将数学教学与人的全面发展紧密结合，提升育人意识，加强"寓教于乐"的理念，这样才能最大化地发挥效用。数学教育就是一个综合性的大工程，不能单一地认为它仅仅是讲授数学知识，培养数学技能，更重要的是发挥总体的教学效果。

在制订数学教学目标时，应将思想品德的教育相融合，通过人文教育的角度强调教学过程，并积极将之整合到教学中。这样可以激发学生的学习热忱，进而全面提高他们的综合素质。必须正确认识人文教育的重要性，加强对人文教育的理解，特别是在今天，应从培养新时代人才及提升全民族的全面素质的视角认识到人文教育在数学教学中的关键角色和功能。正如在数学的人文教育中，需要经过长期的积累才能取得理想的结果。教师需要拥有明确的意识和实际行动，在研究教科书、制定计划、设计教学方法和教学各个环节都需要有意识地去考虑，并贯彻将知识教育

与思想品德教育相结合的理念。

（二）挖掘人文教育内容，进行科学的世界观和人生观教育

数学的客观性、辩证性及统一性有助于塑造学生的科学世界观。数学知识里蕴含着诸多的人文教育因素，为了在数学教育过程中加深人文教育，首先应该深入研究教材，发掘其中的人文教育因素，努力理解完整严谨的数学科学体系，并从宏观角度理解各个知识之间的内在联系，让思想教育的脉络更加清晰。

例如，精确的数学教学有助于实现辩证唯物主义教育的目标。在传授这些概念时，对于一些关键的数学概念如对应、函数、连续和极限等的深入剖析，能够帮助学生获得深入的理解并具备应用这些概念的能力，学习如何分析问题和处理问题，从而在一定程度上培养学生的辩证视角。此外，精确的数学教学，正确揭示数学知识的内在规则，看穿现象抓住本质，也都对培养学生的辩证视角具有积极作用。

（三）在数学学习活动的指导中，加强对学生思想品德的培养

在数学教育中，通过数学学习活动培育学生的思想品德，这是实施人文教育的关键路径之一。

首先，需要在数学教学中去激发学生的学习动力。学习动力和生活理念有紧密的联系，要引导正确的学习动力，培育为人民服务的生活理念，应确立为我国社会主义事业的繁荣进步和中华民族的伟大复兴而积极奋力学习的目标设定为核心要素，同时关注如何在这个核心和其他影响学习动力的因素之间进行适当的平衡处理。

其次，在教学环节中，深入讲解数学历史的沿革发展，比如

典型的哥德巴赫猜想和陈景润等人的研究成果。同时依照学生的学习进度，逐步介绍如张衡、莱布尼茨、欧拉、高斯这样的数学大家，并全面展示他们如何积极求知、深度钻研和不懈努力的生活状态。在授课时，结合教学内容，讲解数学家的生平轶事。除此之外，会选取有关数学历史的资料，特别是我国数学家的显著贡献，以此方式寓教于乐，让学生加深对科学和祖国的热爱。会努力传播我国在数学领域的最新科研成果，以及数学在生活和科技领域的作用，目标在于激发学生对数学的热爱，鼓励他们参加数学问题的讨论，阅读研究有关数学的著作，从而提升他们的学习积极性，同时也能促进他们的思想教育。

最后，在数学讲解中融入数学的学习策略，以此培育学生实事求是的态度、自主思考和创新精神的科学气质。鼓励学生思考问题的自主性，同时也要引导培养学生谦逊、求知若渴的学习态度，且敬畏真理。一方面要发扬学生的创新思维，另一方面也需要提升学生的集中思考能力。只有将知识传授和人文教育有机结合，并引导学习活动和品格培养紧密结合，才能取得出色的教学效果。

（四）开展自主学习，提升学生的自主能力与信心

在现行的考试导向教育中，诸多高职学生"为了考试而学习数学"，背负了沉重的学业压力，他们的自信心消磨殆尽，单独思考的能力也因之丧失，以至于全部依赖教师和考试。一个失去了自我主导权的人，能如何对教育进行思考呢？因此，我们需要坚决地改变这种违背数学教育规律的现状，在纠正学生学习数学的不良趋势的同时，也需要广泛提倡自我学习的精神。

根据国内外学者的学术研究，自主学习其实是一种"自我推动、自我激励、自我管理"的学习方式。具体而言，它具有以下几个显著的特征：①学生主动设定对自己有价值的学习目标，规

划自己的学习步骤，参与制定评价标准；②学生积极构建多元化的思维和学习策略，在解决问题的过程中进行学习；③学生在学习过程中会付出情感，有内在驱动力的支持，能够从学习过程中获得正面的情感体验；④学生能够在学习过程中自我观察自己的认知行为，并作出相应的调整，自主学习实质上是在教学条件约束下，进行的高级别学习活动。只有自主学习，才能真正有效推动学生的成长。

学生的学习在以下情况下才能真正有效：得到他人的关注，对自己正在学习的内容感到好奇，积极参与学习过程，完成任务后得到反馈，看到成功的希望，对正在学习的事物感兴趣并认为有挑战性，意识到自己正在做有意义的事情。为了推动学生自主发展，必须尽可能创造条件和环境让他们参与到自主学习中。只有通过自主学习，学生才能构建自我意识，获得可持续发展的动力。

（五）开展合作学习，激发学生的团队协作精神

合作学习是一种特定的教育策略，它针对团队或小组成员共同从事工作以达成目标，其中每个成员都被明确职责。主要包括：积极履行自我在实现共同目标过程中的角色；积极进行协助、协调；期望学生有效沟通，建立并维护团队成员之间的信任，有效解决团队内的冲突；有效处理每个人完成的工作；评估共同活动的成果，寻找提高效率的途径。合作动机和个人责任是合作学习产生良好教育效果的关键。合作学习能将个人间的竞争转换为团队间的竞争。在持久的竞争性学习环境中，学生可能会变得冷漠，以自我为中心，疏离他人，而合作学习可以培养学生的团队精神、集体意识，同时也能发展学生的竞争意识和能力；合作学习也可以促进个性化教育，可以弥补教师难以对大量差异性学生进行教育的不足，从而实现让每位学生得到发展的目标。

在合作学习过程中，学生的主动参与、高频次的互动和积极的自我认知，使教学不仅仅是一个获取知识的过程，也成为了一个人际交往和审美素质的提升过程。如果学校倡导的是协作精神，而不是竞争心态，既不以智力高低作为分班依据，也不实行体罚政策，那么学校不太可能出现恃强凌弱、打闹斗殴及违法行为等现象，同时也不会因强调竞争而导致学习成绩下滑。

提高学生的学业成就，最有效的方法是促进他们在情感和社会认知方面的发展，而不是仅仅关注他们的学业。学习数学有其独特之处，可以激励学生合作学习，从而培养他们的团队协作能力。在合作学习过程中，学生可以相互帮助、相互鼓励，培养对知识和他人的尊重态度；通过解决问题、尝试和验证，可以培养学生积极进取的精神；通过讨论、辩论和思考，可以在学生中加强平等、民主的意识；通过自我认识、独立思考和发表观点，可以树立坚守真理、纠正错误的科学理念。共同研究和学习数学有助于培养学生的团队合作精神，而合作学习可以通过共同完成任务来训练学生的社会技能。在团队合作学习的活动中，学生的领导才能、社会技能和民主价值观也会得到锻炼和提升。

（六）实现人文渗透，激活人文主义思想，完善学生的个性品质

数学教育作为科学教育的一环，其功能是提升人类的科学思维及素质，以及解题的逻辑技巧。然而，这种过分偏重数学的教育手段可能会忽略人文知识的价值，它过分强调理智的、精确的、抽象的和实证的思维模式，而对人文学科提倡的感性的、模糊的、直觉的、形象的和情感的认识方式接受度较低，心灵上可能会出现科学精神和人文精神的对抗。如果丧失了人文精神，全然依赖工具论，只关注效益的最大化，缺少对人文的关怀，效能多而情

绪少，或是只追求真理而忽视善意和美好，这种人格形象往往过于现实、单一，并可能忽略生活的乐趣。因此，在数学教学中，我们需要积极融入哲学分析，增加人文成分，提倡科学与人文的交融，以推进学生的全面发展。在学习数学知识时，除了理解和掌握数学理论，更应借助哲学分析来深化理解，实现学科间的理念互动、方法互融、框架互促。在整个数学教学中，需要建立新的教育观念，既重视科学教育也重视人文教育，并致力于培养"复合型"人才。

（七）以教师的人格魅力影响学生

教师呈现的教育活动是他们的观念、信念、情绪和知识在现实生活中外在表现。教师的追求、品性、智慧、才能、意志力、外貌，以及说话行事都会对学生产生深远的影响。所以，教师的首要任务是自我提升，成为楷模，构建积极的心态，坚持严谨的学术精神，诚实守信的人生准则，以自身的人格魅力去激发学生的内在能量。教师也需要适应时代潮流，持续获取新知识，不断提高教学水平，用丰富的知识去感染学生。

# 第二节　高职数学教学中的美育教育

## 一、数学美育的概念

数学美育，是指在进行数学教育时，对学生的数学审美观、审美取向及审美目的进行引导和育成，也被称为数学审美或者数学美感教育。这是通过数学之美的材料、形状和吸引力，激发学生的兴趣，陶冶学生的认知和心灵，规范学生的思维方式，优化学生的学习环境，以此提高他们理解、欣赏、评价和创造数学美的能力。

## 二、数学美育的作用

数学美学教育是数学教育体系中的一环，其不仅在数学知识掌握过程中引领培养学生精神品质，也帮助他们确立追求美的人生目标，塑造富有美感的品格，形成优雅的生活态度，提升学习热情，激活智力潜能，培养创新性思维方式。尽管数学科学更侧重于抽象思考，然而，形象思维和审美意识也是数学不可或缺的元素。实际上，从人类数学思维体系的发展轨迹来看，形象思维和审美意识是最早出现的，也就是抽象思维是在形象思维、审美意识基础上发展起来的。在数学教学中，充分展示数学之美的各个方面，不仅可以加强学生对知识的理解和把握，也可以在审美感受中激发他们的学习热情，培养思考素质，提高审美审识能力。

（一）提高学习兴趣

学生往往会因为数学的抽象和严谨而感到枯燥无味，因此，教师应当不断地激发学生对数学的学习热情，坚定他们学习数学的信心。为了实现这一目标，必须努力开发和提高学生的数学美感。将美学理念融进数学教学中，通过感受美的方式启发思考，激发求知的意愿，培养主动学习的态度，这是教学成功的关键。例如，数学概念的简洁性和统一性、命题的概括性和典型性、几何图形的对称性和和谐性、数学结构的完整性和协调性，以及数学创造的新颖性和奇异性，都是数学之美的具体体现。在教学过程中，创建数学美的场景，引导学生进入美的世界，让他们去欣赏、去体验、去探索，使他们在这个过程中理解深层含义，激发他们的学习兴趣。以对称性为例，这是最能给人以美感的一种形式。

（二）促进学生思维发展

数学思维是大脑对客观事物的数量关系和空间形成的间接的和概括的认识。它代表一种高级的神经活动，同时也体现为一种复杂的心理活动。数学思维的核心目标是合理地操控和转变事物的数字和形状等思想元素，以实现掌握事物本质的数学联系，进而发现并处理实际问题，服务于人类的认识活动和生产活动。个体的数学思维能力强弱程度与其智力发展状况紧密相关。数学思维品质主要由广阔性、深刻性、灵活性、敏捷性、独创性以及批判性六个方面来表现。

在数学教育中，数学思维不仅能增进学生对美的感知，也能刺激他们的思维能力。如果持续引领他们追寻数学的美，他们的思考深度会不断加强。精确而有效的思维方式时常带给人难以言表的美感。因此，在数学教学中，教师引领学生探索数学之美，让他们在无尽的可能中畅游于数学的海洋，使他们对数学产生浓厚的兴趣和强烈的欲望，并对美的理解融入教学之中。这种对美的欣赏和感知将驱动学生的数学思维，激发他们的审美感，使他们的才智得以展现。

（三）使学生形成积极的情感态度

在数学教学背景下，学生对数学的情感体验和指向体现了他们对数学独特的感情和情绪反应，如对数学的热爱、兴奋、满意，或者对数学的厌倦、没兴趣和沮丧。这构筑了学生学习数学的前提。在数学的教学中，学生对数学的态度会影响他们对数学的总体看法，可能是积极的，也可能是消极的；可能是热情的，也可能是冷淡的。这是数学价值的外在表现。应加强对学生数学情感态度的培养，展示数学深层次的美，这就需要数学工作者去深入挖掘和创新。

在过去，教学更多的是强调数学的学术价值，而在数学的应用实践中，没有关注到学生的情绪反应和心理感受。数学教学的理念是为了促进每一位学生全面发展。应该注重知识与能力、过程与方法、情感态度与价值观三个维度，因此，需要在教学中充分发挥数学之美的教育意义，不仅要让学生理解某个知识，更重要的是帮助他们体验和感受这个知识，让他们在获取知识的同时，也能形成积极的情感态度。

（四）使学生形成高尚的数学价值观

价值观是人类对事物价值特征的主观反映，目的在于识别和分析事物的价值特征，以达到对有限价值资源的合理分配，从而实现最大增长率的目标。在看待数学的价值时，同样也是对价值的主观反映。数学，是全人类的精神财富，描绘着人类智慧的印记。数学可以呈现出人类思考中丰富多彩的想象，以及构建美好和谐世界的期盼。数学的价值，和其他科学一样，可以分为物质价值和精神价值。由于数学是实践活动中的关键工具，有助于更好地了解自身和完善自身。数学作为科学工具，已在人类文明历程中展现了其显著的实用价值。

数学实际上也是一种文化，它代表着人类的智慧成果，深深地影响了人类社会的每个角落。由于数学的本质具有双重属性，决定了作为教育目标的数学价值趋向多元化。数学教育的任务不仅传递知识，也培养技能，还有文化的熏陶与素质的提高。数学教育的价值体现在通过数学思维和理念来提升人的精神生活，培养一个人格完整、生产能力强，具有明确生活目标、高尚审美情趣及创新精神和会享受生活的优秀个体。

欣赏与创造数学美能够有助于学生塑造崇高的审美品格和数学价值观。在理工科教育环境下，塑造正确的数学视野就是激励学生在学习和运用数学的过程中构建正确的数学意识和观念。数学意识和观念是指主体有意地、积极地或自动地运用数学思维去分析实际问题，运用数学知识进行解释或解决的精神状态。数学绝非是一堆枯燥的公式，每个公式都蕴含了一种美，这种美不仅展示了人的理性创造力，也展现了自然的本质。通过教师的引导，能让学生意识到数学的美，塑造正确的数学意识和观念，进而塑造高尚的数学价值观。

（五）培养学生的创造能力

首先，寻求数学之美是人们进行数学创新的一大驱动力。美的信息隐藏在数学知识的深处。当这些信息大量积累，分解后重新组合，到达某种程度时，就会出现顿悟、产生灵感得出全新的结论和理念。因此，对美的探索不断刺激着人们不断地创新。

其次，数学的美学感受是数学创新能力不可或缺的一环。创新能力主要体现在对现有成果的满足度上，从已知推向未知，从复杂变得简单，将分散部分进行整合，这都需要依赖美学感受去组合。

最后，利用数学美学的方法也是一种行之有效的创新方式。数学美学方法具备以下特点：直觉性，情感性、选择性和评价性。直觉启动创新过程，情感驱动创新发展，选择照亮创新方向，评价确定创新结果。在数学创新中，审美的作用无法被逻辑思维、形象思维和灵感思维所取代，在进行数学活动时，应该通过美的体验激发学生的创新灵感。

大量数学家都采用这样的方式进行研究，数学之美在创新过程中发挥了巨大的推动作用。这主要源于数学之美在数学家内心所占的特别地位，使他们在享受美感的同时，又被推动去寻找更多的美学因素。同时，数学之美本身就是一种创新目标，就如所述的数学的奇异美，其实就是打破固有观念去探索新的数学现象。因此，在教育中，引领学生去追求数学之美，可以激发他们的创新热情。同时，教师需要充分展示教材的数学之美，让学生受其熏陶，同时激发他们的创新意识，培育他们的创新才能。

## 三、培养学生数学审美能力的途径

培养学生数学审美能力是要在教学过程中深度挖掘出数学美的多种面貌，引领学生去数学的大千世界里进行探索，以此提升他们的数学审美能力。

### （一）加强数学审美教育关键在教师

数学审美教育的目的在于激发学生对数学之美的兴趣，进而培养他们的美学意识，提升他们的审美鉴赏能力。大学生在数学课堂上如何能认识到数学的美并产生美感，教师起着至关重要的作用。事实上，教师在教学中引入美的主题，使学生的情绪轻松愉快，决定了数学课程的成功与否。教师需熟练运用教学策略，创造思维空间，通过数学中形状、数量的组合、对称等基本美学要素，引导和激发学生对学习内容中的比例、对称、统一、简洁等数学之美产生兴趣，进而培养他们的美学意识，增强他们的审美观察能力。当学生对数学之美的感受最为敏锐、最为强烈、最为深刻的时候，他们的思维也进入最佳状态，逻辑思维和创新思维并存互补，智慧才情得以充分展现。

对于提升数学教师的审美能力途径，数学教师必须提升自我审美素质，以下是几种方法：

1. 要熟悉数学史

对于教师来说，掌握数学史的知识可以更深入、更全面地理解教材的内容、思想、方法和应用，这对于提高教师的数学能力有着重要的现实意义。理解知识的来源有助于教师整理教材和寻找有效的教学策略。在讲授课程时，恰当地运用数学史，如数学史上的名人、事件、数学家的童年趣事等，都能激发学生的学习热情。有趣的内容和互动往往能引起他们的兴趣，即使面临一些挑战，他们也愿意参加。许多著名的数学定理和原理的产生过程，以及概念的形成都充满了美学的气息。例如，微积分的产生：受到古希腊"穷竭法"和"求抛物线弓形面积"的启发，牛顿和莱布尼茨创造了用于满足第一次工业革命需要的微积分。起初，对"无穷小"的定义并不明确。在数学家们不断的补充和完善之后，微积分逐渐变得成熟。数学家们坚韧的探索精神和团队合作精神不仅教会学生理解数学的思想、观念和意识，也可以拓宽学生的眼界，培养他们研究问题的兴趣，同时也能引导他们体验数学之美，提升他们的美学修养。

数学是人类知识体系中最重要的部分之一。它的起源可以追溯到数字的产生，每一个经典数学命题、公式和定理都揭示了科学严谨、逻辑严密和归纳总结的特点。整个过程，包括生成、演绎、证明、推理及应用，皆充满了前辈数学家们的杰出智慧与努力。在教学时，教师可以通过讲述数学家追求数学美感的故事以及数学历史上的"美丽的数学事件"来感染和激励学生。为了培养学生对美的感知，可以从再现型的数学发现和生成过程入手，这需要理解数学历史和相关主题的再现方式。以积极的态度解释教学主题的历史背景，恰当的时候插入一些数学历史资料，引导学生沿着数学家的发展足迹，深入理解数学的本质。这无疑是激发学生对学习的兴趣和激情，鼓励他们对数学的热爱。让学生感受数学的发展历程就是人类不断实践、战胜困境和创造美的过程，这对于激励学生勇于面对难题、探索知识的审美欲望有极大帮助。

2. 要有广博的相关学科的知识

对于合格的高职数学教师而言，除了数学的专业知识和必备的教育学基础理论之外，还应具备丰富的相关学科知识，深厚的文化修养和广泛的爱好。各学科的知识是相互联系，相互影响的。数学教师应该努力成为既拥有数学专业知识，又具备广博知识的人。教师应该理解教学中数学与专业知识的联系，掌握数学的应用，从而提升高职数学教师的工作能力和知识结构，增强对教材的驾驭力。只有积淀深厚的知识才能用恰当的方式和语言描绘数学之美，才能向学生传递数学之美。只有创造出数学的多种美感，才能激起学生的求知欲，引发学生的认知热情，提升学生的创新思维。

3. 数学教师应拥有崇高的品质与良好的仪表，尽显人格之美

高职数学教师应展现浓厚的热情，有对教育事业的热爱，并保持耐心的教学姿态和严谨的学术风采，还应有严格的自律精神。在身心素质方面，需要具备充沛的活力，头脑清醒，思维敏捷，同时还要有轻松愉悦的心境，以及坚韧不拔的恒心。教师的气质风采体现了综合素质，作为学生的榜样和导师，他们始终对学生的行为起着潜移默化的作用。拥有高尚品性，优雅举止的数学教师，就是美的象征，他们让学生在享受人性之美的同时，更能够理解数学之美。

## （二）深入挖掘教材中潜在的美学因素

数学之美在于它的多样性和丰富性，例如，数学概念的简单性、统一性、结构系统的协调性、对称性；数学命题与模型的概括性、典型性与普遍性都是数学美的具体内容。数学富含多种形式的美：它既拥有符号、公式和理论总结的简洁以及统一之美，又有图形的对称之美，解决难题的奇异之美，同时包含了整个数学体系的严谨、和谐和统一的美。然而，学生可能并不能感受到这些美，因此教师有责任在教学过程中充分发掘这些美的因素，让它们充分展现在学生面前，让学生真实地感受到数学的美。

数学公式就是通过概念法则和推理判断的结果，是对数学规律的深度聚合，简洁又全面地展示了应用之广，充分展示了数学美的形式和意境。美也贯穿于数学的内容结构中，如常量与变量、有限与无限、近似与精确、偶然与必然，这些都反映了自然界中的变化和进展。看似矛盾的因素，却构建了数学不同层次的乐章。

除了几何的直接美、统一美，还有三角函数图像的对称美、数学等式的简洁美。解答问题的新颖巧妙之美，一题多解的优解之美，以及用简单的符号表达复杂的数学语境，都体现了简单美。数学就像一座色彩斑斓的花园，在教学中，教师应当不负春光美景，尽可能地从中引领学生感受美，从而提高他们的审美素质，增强他们对数学的热爱。

另外，数学史蕴含了丰富的美学成分。数学不仅具备科学性，而且极具历史性，在长达两千年的数学研究中，每一处都印证着人们对于数学美感的持续追求和探索的足迹。无论是毕达哥拉斯寻求和谐的数字关系，抑或是微积分的创立，乃至非欧几何的诞生，都在追寻数学美的路程中推动数学的进展。如果教师适当地将数学史教育加入授课中，引导学生从中欣赏数学的美感，将有利于提升学生鉴赏数学美的能力。

# 第七章　基于专业人才培养的高职数学教学改革研究与实践

## 第一节　基于应用型人才培养导向的高职数学教学有效性研究

### 一、基于应用型人才培养导向下的高职数学的教学意义

#### （一）为学生将来的就业与生活提供帮助

与普通高等教育对数学的定位不同，作为在应用型人才培养背景下的高职院校人才，投入大量的时间去学习数学知识，并不只是为了强化自己的数学思维能力和丰富知识，更重要的是运用这些知识在未来的职业生涯中为自身服务。如果只是单纯的学习，不能运用所学的数学知识去解决实际工作中可能遇到的问题，那么这样的学习就毫无价值。在以应用型人才培养为导向的高职数学教育中，关键在于开发学生的数学思维，掌握处理实际数学问题的技巧，能够有效地将数学知识发挥应有的作用，并将其运用到日常生活和工作中，这才是高职数学教育的

重要目标之一。

（二）发挥数学知识在高职教育中的基础作用

理工科的基础是数学，是认识和改造自然的强大工具。深入掌握高等数学可以帮助学生学习专业课程。大部分高职院校的专业偏向于理工应用类，这意味着哪个专业都离不开数学。若没有良好的数学储备，相关课程的学习将变得十分艰难。在很多高职院校中，尽管老师具有扎实的数学背景，但对于涉及的具体专业问题并不十分清楚。如果想要充分发挥数学的基础作用，教师需要尽可能了解学生所学习的专业，将他们在教学中学到的数学知识与所学的专业知识融合，以最大程度地发挥高等数学辅助工具的作用。

（三）培养学以致用，注重实践的学习氛围

中国教育理念长期存在的一大误解是倾向于传授知识，对知识的实际应用并未足够重视，导致了学生在学习过程中产生误区，认为求知仅是为考试，而忽视了如何利用所学知识解决问题，大多数学生恰恰缺乏这种意识。作为实用性强、基础性强的学科，数学在日常的工作和学习中起着至关重要的作用，生活中数学知识的应用场景非常广泛。如果以应用为导向去教授数学知识，可以帮助学生理解学习是为了实际应用，强调实践的精神，激励他们在学习中联系实际，运用知识解决问题，培养学生的独立思考和创新才能，使人才培养从数量转向质量。

## 二、应用型人才培养导向下高职数学教学改革思路

（一）增强创新教学的意识，强调知识的应用性和技能性

身为教育第一线的教师，想要培育优秀的专业人才，要倡导

创新教育观念。在实际的教学环境下，教师需要掌握高等数学的知识，并深入了解学生所学的专业知识。基于此，丰富并扩充创新思维导向的教学内容，制订学生运用数学知识解决实际问题的教学方案，推动学生在思维技巧、逻辑推理、创新概念等多方面全方位的提升。在教学中，教师应依据时代发展和业界对人才的需求，更新教育思维、改革教学模式，持续增进自身的教学素质，并坚决贯彻以实际应用为主导的教育理念。

（二）调整教学模式，调动学生的主观积极性

在一个主导思想是培养学生实践技能的教育模式里，数学教师可以引入更多与实际应用相关的教学资料，这样能够激发学生的学习热情，增强学习欲望。为了确保应用型教育的顺利实施，教师需要大力搜集现实生活中的数学应用案例，精心制作教学工具，并在课堂上引发讨论，鼓励学生积极加入。同时，可以采用辩论赛或者讲座的方式，激励学生运用数学知识解决实际问题，培养学生的创新思维能力。

（三）加强学生个性化自主学习

学生是教学活动的主体，他们的学习能力在实际操作中存在差异。这种情况下，身为教师，需要根据学生的专业需求和知识结构，设计相应的课程内容。对学习能力出众的学生，指导他们如何高效地查找数学资源，通过互动讨论，吸收丰富的数学知识，及时向他们提供优质的教育资源，帮助他们正确且高效地自主学习。在教学过程中，可以推荐优秀的数学论文供学生阅读，也可充分利用互联网资源，引导他们自主学习，提升自身的数学水平，实现个性化的自主学习。

## 三、应用型人才培养导向下高职院校数学教学的改革路径

### （一）针对应用型人才培养目标，制订新的教学纲要及教学方案

作为一个基础科目，高职数学的教学内容在理工科、经济和管理等领域有着广泛的应用价值。由于教学层次和目标的差异，也使人才培养的路径和目标呈现多样化。因此，在这种情况下，需要针对性地编制数学的教学大纲。在课程改革中，依照各个专业的特点，构建出重点明确的数学教学结构，并以培养目标为基石，从实际应用的角度重新建立侧重于应用能力的数学教学大纲。在此基础上，提升人才素质的同时，关注学生数学逻辑思维能力的培养。在制订新的教学大纲时，需要按照学生的需求，挖掘专业的特色，在教学内容中构建一个完整且连贯的数学知识框架。建立一套全面的教学课程体系，明确教学内容和教学方案，且严格执行教学方案。

### （二）适当开设数学选修课

现阶段，高职院校的学生在大一的时候主要把时间投入在数学课程的学习上，其他的时间，接触数学的机会较少。然而，各个专业对学生掌握数学知识的要求是不一样的，例如，有的专业侧重微积分，有的偏重概率与数理统计，有的侧重常微分方程等。当前的高职数学课程安排方式，导致在专业课中需要应用数学知识的时候，学生的数学知识无法得到实质性的复习和巩固，这对学生的学习成效造成了影响，不利于知识的深度掌握。为了改善这种想象，可以在日常教学中增设数学选修课程，让学生有机会接触和学习更多的数学知识。同时，为了改善高职数学的学习氛围，学校也可以邀请名师举办专题讲座，提高学生对高职数学的

理解能力，增加学生对高职数学应用的了解，进一步激发他们的学习热情和动力。

（三）设置数学专题成果机构

为激励学生投入数学知识的学习和运用中，学校可以设立一个专门展示数学成果的平台，比如展出有关数学的论文、教学案例、教学建议、教学设计，包括为专业课程设计的教学方案等。通过这种方式，不仅可以提升学生对数学的学习热情，增强自主性和积极性；同时也能为教师的数学教学提供新的参考，强化教学体系的完整性。

（四）运用信息科技革新教学手段，注重教学的实效性和针对性

随着信息科技的飞速发展，新式的教学方法也越来越便捷。如今，学生生活在一个信息爆炸的年代，电子设备已经是年轻人生活的必需品。如果在教学中还是坚守传统的教学方式，忽视了信息科技所带来的巨大转变，那么就无法适应技术的变革。在进行教学时，应该有效地利用学生的求知欲，把问题放在中心，进行分层教学，以满足不同类型的学生的数学学习需求。通过使用信息科技，将现实中的数学概念和知识以主题讨论的形式进行深入的学习。这样不仅能提高知识的相关性，让学生对数学应用有了更深层次和直观的理解，也能帮助培养学生的数学应用能力，从而收获显著的教学效果。

（五）提高教师的教学能力

最近几年，可以看到高职院校教师教学水平具有显著的进步。然而，随着社会经济以及技术的快速变革相对于国内职业教育的要求，当前高职院校教师的教学力量仍需要进一步增强。眼下的教师队伍是由过去的中职学校的教师以及新招聘的毕业生组成，

他们的教学水平各有不同。针对应用型人才的教学任务，教师必须精通数学教科书的内容以及专业课程的核心知识，并通过讲课，来准确地将教学材料和知识点传递给学生。当前在教学方法和培训技巧方面，教师还需要改进，学生们学习专业技能的方法也不完善，教师需要进一步的培训，以提升在数字化环境下的教学能力。

（六）增设数学活动课，拓宽知识获取新思路

数学知识本身比较枯燥，在激励学生热爱学习方面，有必要融入数学文化的学习，扩展学生的知识范围，进而通过探索数学来理解生活哲学。可以为相关的学科设置一些与专业相关的数学实践活动，例如，土木工程专业的空间数学实践活动、会计专业的理财数学实践活动和电气自动化专业的复数迁移实践活动，这些活动都能在较大自由度的数学实践环境中激发学生的主动学习动力。同时，可以通过开展一些包括数学发展史、数学民俗学、居家数学、建筑数学、生活数学等多样化的数学活动，使学生将学到的数学基础理论与数学文化相结合，从而提高学生的职业素养和数学修养，有助于推动他们的个性发展。

在高职院校教育体系里，数学教学改革是一个长期的过程。因为教学活动以应用型理念为导向，要从调整教师的教学思想着手，逐渐在他们心中塑造新的教学理念。教学目的要建立在数学知识的应用上，并充分运用计算机多媒体教学手段，来补充传统教学在直观性、立体感及动态感等方面的不足。此外，通过增加课外活动来扩宽创新学习的教学思路，使学生更易于理解和掌握一些抽象且难以理解的概念，从而提升学生的综合素质和解决问题的能力。

# 第二节 基于创新型人才培养的高职数学教学改革

## 一、创新型人才培养视角下的高职数学教学现状

创新型人才的培养要求使高职数学教学暴露出很多问题。

①高职院校教育的数学课程对学生的推理能力有很大的挑战，因为它的主旨内容既抽象又含蓄。由于高职学生的数学基础水平参差不齐，部分人在知识储备上存在不足，学习过程中会面临各种各样的艰难与挑战，无法全面领会。为了使学生消化这类数学知识，大量的数学教师倾向于使用讲解模式的教学手法，详尽阐述数学知识的产生过程。然而，这样的灌输式教学方式却忽视了学生的自主学习，导致学生对教师的过度依赖，缺少独立思考的机会。这不仅限制了学生的数学思维的发展，也使学生形成了被动接受知识的习惯，严重阻碍了创新思维的进步，使培育创新人才的目标难以实现。

②在充满活力的氛围中，创新意识和能力更容易被激发。而现在高职数学课堂气氛过于严肃和沉闷，学生对其兴趣缺失，容易产生消极情绪。这种消极情绪的影响下，学生难以激发学习的热情，进而对培养创新人才产生不良影响。

③在高职数学教学中，过于强调知识教育，且利用各种实践活动来提升学生解决问题的技能。但创新思维和能力的培养往往在课堂上被忽视。尽管有一些教师清楚创新思维培养的重要性，由于缺乏完整的创新能力教育体系，学生的创新能力提升有困难。

而培养具有创新精神的人才，离不开创新思维的培养。

## 二、基于创新型人才培养的高职数学教学路径

### （一）面向专业，构建灵活的课程体系

专业技能是创新人才培养的根本，具备职业能力则成为高职院校教育需求的关注焦点，其主要作用体现在符合职业需求。高职院校数学教育必然与学生的实际专业相结合，学生在数学课堂上学习参与性不足的主要原因在于他们觉得数学不能紧密联系到未来的生活和职业。因此，数学教师应以学生专业为导向，构建一个灵活的课程体系。数学是一门必修科目，其目标是让学生能够理解和运用数学知识，如解决问题的方法和策略，在面对实际问题时，能从数学的视角去思考和解决问题。数学课程还致力于提升学生的思维能力，如逻辑推理能力等，这是提高学生整体素质必备的一环。高职学院应运用数学课程培养学生的创新思维，除了基础知识之外，还需结合实际专业，建设具有实践性的课程体系。除积分学、微积分等基础知识之外，数学课程还需结合专业需求，灵活地引入积分变换、概率统计等内容，本着这一灵活的课程体系培养学生的创新思维和创新能力。

### （二）注重实用，完善组合式教学内容

教师需要对教学内容进行优化，重视其实用性，协调整合多样化的课程内容。重点应放在数学实验和数学建模上。通过提供数学建模平台，深化数学建模思想，结合数学建模素材，使数学建模在培养创新型人才上发挥关键作用。通过数学建模，学生能够观察和分析现实生活中的问题，通过探索和判断掌握事物的内在规律，把实际问题转化为抽象的数学问题，构建数学模型，通过对模型进行分析和求解来处理实际问题。数学建模过程强调实

践和创新，可以在模型建构过程中培养学生的创新思维。传统的数学问题往往有许多条条框框，解题步骤和流程具有明显的确定性，这会抑制学生的思维拓展。而数学建模主要源自工程技术领域和社会实践问题，内容和形式多样，题型发散。学生可根据自我知识选择适用的解题方式，数学建模并无唯一正确答案，方法也多样。学生在建模过程中需要进行独立思考，发散思维，仔细观察和学习，将实际问题转化为抽象的数学问题，然后运用掌握的数学理论和知识来解答问题。解题过程和答案没有限制，从而大大提高学生的创新能力。

（三）创新为主，实行全方位教学改革

数学课程要注重创新，以进行全方位的教学改革。

1.以数学建模培养创新型人才

在教学过程中，要融入数学建模选取与实际生活联系紧密的案例。深入阐述数学的概念、原理和知识，使数学更加生动和鲜活。教师可借助学生的生活经验，使他们对所学知识有更深的理解。教师也应在学生的日常生活中寻找大量适用于数学建模的案例，构建案例库，精选高质量的案例，按照教学需要将其融入教学，并设定相应的任务。

也可以通过数学建模的培训模式进行教学，以培养和促进学生的发散性思维和创新性思维。采用以任务为中心的教学方法，为学生的思维和探索学习提供明确的方向。在课堂上，以任务为主线，将实际问题与教学内容结合起来，借用数学建模的组队建设，使学生分组探讨，将各种问题和课堂互动活动融入课堂，通过小组合作来提升学生的团队协作精神和能力。

引入数学模型的使用可以提升学生的创新思维及能力，同时也需更新考核方式。选择考核内容应以学生的数学建模能力及创新能力为指标，以考查他们解决实际问题的能力。关于考核方式，不限定在期中和期末等终结性考试，应更加关注学生的学习态度和过程。学生的学习过程、知识掌握水平、思维及素养发展，都应被视为考核的重要因素。还需要关注学生的课堂表现、出勤情况及作业完成情况等过程性考核。

另外，在精品课程网络平台中融入数学建模。在当前的互联网时代，互联网技术已经与教育深度融合，高职院校需要打造精品在线课程，数学课程也一样。可以在数学网络精品课程中加入数学建模的内容，利用微课和视频等形式向学生展示相关知识，同时建立数学建模案例库，给学生提供高质量的学习材料。设立一个专门针对数学建模的讨论区，让学生在学习遇到困惑时能够及时地向教师提问，教师也可以在线为学生解答疑问，通过这种方式丰富学习内容。

在校内，积极地举办数学建模比赛，激励学生参与其中，借此唤起他们的学习兴趣，表现突出的学生还可以被推选出来参加全国大学生数学建模比赛。

2. 运用现代教育技术培养创新人才

要培养具有创新意识的人才，先进的教育技术是必不可少的，数学教师也需要及时革新教育理念。依据近几十年的教学实践，构建主义教学理论对促进学生的创新和自主意识起着关键作用，而当前的教育倡导以学生为中心的教学模式。数学教师应该围绕构建主义理论，以学生为中心进行课程设计。在课堂教学中，应该运用先进的现代教育技术提升教学效果，比如把云课程、云课堂融入数学教学环节，向学生推荐优质的网络课程。现代学生的学习途径已经不仅仅局限于课堂上，教师应根据学生的实际需求，精心设计线上课程，借助"慕课"、"翻转课堂"的方法进一步丰富数学教学的形式。利用"慕课"作为在线开放课程的优势，能容纳数量庞大的学生，使他们有跨区域的交流和学习的机会。教师可以推荐优质的慕课平台给学生，让他们在更广阔的学习空间内求知，进一步发散他们的思维。

## 三、针对创新型人才培养的高职数学课程教学策略

### （一）以培养探究精神为数学课堂教学目标

通过设立教学目标，能对全局的教学理念、行为和模式加以引导。在推崇创新人才的当代，教师需要重视培养和提高学生的探索欲望和能力，激发他们在学习中主动思考，从多个视角提出多种见解，以找到解答问题的新颖方法。教师还需重新定位自身与学生的角色，将自己变为学生的学习合作者和帮助者，精心安排有益的课堂互动，赋予学生运用大脑、自主思考，在课堂中寓教于乐，逐渐降低教师主导性的理论授课，让学生感受到数学课堂的探索本质，而非简单的接受内容。教师在教学中应提供学生自我分析的机会，在学生回答问题时，注重他们的思维方式而非答案的正确与否，鼓励他们分享思考过程和解决问题的策略，促使他们提出自主学习中的困难，并组织所有学生一同讨论。课堂上还应鼓励学生积极发问和辩论，以此来反映他们的独立思考，包容并鼓励学生的不同意见，给他们提供足够思考和表达的空间，引导他们在批判和讨论中进行深入思考和创新，帮助他们找出错误并修正，也让他们得出更为科学和严谨的结论，提高他们的思维容量，对于培养他们的创新思维和能力有非常大的帮助。

### （二）营造包容、活跃的数学交流课堂氛围

过于严肃、缺乏自由度的数学课堂会造成学生思维的禁锢，特别是在压力大的环境下学习，极有可能影响他们的学习效果。创新人才培养要让学生的思维更加灵活，教师要致力给学生营造轻松、包容、活跃的课堂氛围，适当地来用幽默的言辞，营造轻

松和谐的教学环境，对学生展现出亲切的态度。除此以外，也应尊重学生，对学生的疑问要耐心解答、引导有方，对待不成熟的观点和错误的思路也不应直接批评学生，而是善于引导，让学生建立正确的认知。唯有在这种包容、充满活力的教学氛围中，学生的创新思维才能得到充分的发展。

（三）强化师生之间平等的交流活动

在传统的教育背景下，教师和学生的地位始终存在着不平等，教师是这个场景的核心指挥者，他们的地位显然高于学生。因此，学生的需求和想法往往会被忽视，课程设计也较少考虑到学生的个人需求，导致课堂教学针对性不强。为了构建一个教师和学生平等的交流环境，要积极地建立一个可以让学生自由抒发观点、深入探讨的场所，以此在交流中加深对学生思维模式的了解。课堂上，需要推动教师与学生的实质性互动，例如，教师可以设置一套引导学生深思的问题，鼓励他们质疑甚至批判，以激发他们的创新能力。教师需与学生进行深度的交流活动，提供更大的学习空间，同时在协调学习进度和方向上发挥作用，确保学生走在正确的学习道路上。在学生解决问题的过程中，教师应及时地引导它们从不同的角度和层面进行思考，以拓展他们的学习思路。应该积极设立互动环节，强化师生交流，进而通过教师和学生共同的探索来提升学生的创新思维。

对教师来说，大量培养创新人才是一个系统且漫长的过程。高职院校的数学教师应该从提升学生创新能力着手，尽快革新教育理念，创设一个轻松、和谐的教学氛围，把创新和探索精神纳入教育目标，与学生平等对话和交流。在讲授课程内容时，融入数学模型，充分发挥数学模型对创新思维和技能的激励效果，这样有助于学生开阔思维、深入理解。

# 第三节　产学研协同创新下高职数学相关专业人才培养模式构建

## 一、数学相关专业产学研合作人才培养模式现状

### （一）教师队伍结构不合理，参与产学研合作困难

只从学历结构、职称结构以及年结构别这些角度去衡量一个专业的教师团队结构是否合理，有时会忽视实践能力方面的考量。因此，尽管现在各高职院校的数学相关专业持续引进高学历人才，教学和科研水平也得到了明显的提升，但是教师队伍的结构仍未达到理想的状态。这主要是由于绝大部分教师在入职初期都是刚刚毕业的大学生，缺乏实践经验，因而难以把握社会对这类专业人才的实际需求。加上面临评定职称等难题，大部分教师将精力主要投入教学和科研中，学校与企事业单位之间的合作热情显得不足。

### （二）评估模式不合理，人才培养方案定位不准确

即使现在众多高校正在积极倡导改革评价体系，但在实施过程中依然固守传统的评价模式：主要依据课程学时、项目、论文以及获奖进行教师绩效的评价；而学生则主要依靠理论课的成绩作出评价，这种评价方法对学生的实际能力评价不完善，评价内容单一，会严重影响到学生创新能力的发挥。此外，为了达到教育部的就业率要求，数学类专业在制订人才培训计划时，更加强

调高水平人才的培育，课程内容更注重理论，实践和实习环节不足，使许多学生觉得数学课程枯燥且无实际意义，理论运用到实践的能力差，对社会需求理解不够，最后的结果通常是被迫选择深造，真正能够主动创新和创业的人少之又少。

（三）实习实践基地流于形式

在最近几年里，我国对学生的实际操作能力的培养越发受到关注，使实习基地的规模和数量也成为衡量一所高职院校水平的关键性指标。各高职院校也争相在全国范围内与实习基地进行广泛的合作签约。然而，在建设实习基地的过程中，各类问题也逐渐凸显。以数学专业的实习为例，包括短期的学习体验和长期的实习，初衷是帮助学生理解所学知识的应用方法，了解社会的需求，以及规划自己的未来。但由于高校的关注程度不够，投入的经费不充足，实习场所不能充分信任学生参加真实的工作，以及学生无法实现预设的实践目标，以至于大多数学生对实习兴趣不高，导致许多学校和实习基地的合作形同虚设、稳定性差。

## 二、产学研协同创新下数学相关专业人才培养模式构建

（一）加强教师团队的创新实践能力，培养"双师型"教师

首先，学校需根据数学专业人才的市场需求，突破传统的学历及职称条件，积极招聘具有良好实践经验、创新合作和开发技术的教师。同样，教师在实践教学中的成绩会作为评价绩效的主要依据，以此来激发他们的创新实践积极性。其次，学校也鼓励教师参加短期进修和继续教育，帮助他们获得有利于教学及发展的职业认证。也为教师争取在科研机构和企事业单位挂职锻炼的

机会。这将增强学校与科研机构以及企事业单位间的交流合作，提高教师的创新实践能力，并培养出"双师型"教师。

（二）构建多元化的人才培养计划，打造出产学研协同创新的课程体系

要设立多元化的人才培养计划，同时提升学生的教育技术以及在计算机等实践技能上的培养和创新思维的培训。要实现这一培养目标，就必须与科研机构、企事业单位等进行合作，让权威专家基于专业发展的客观规律和社会发展的需求，科学评价各工作岗位所需的基本素质和能力，全方位地考虑理论知识和实际能力的紧密联系，共同构建产学研合作创新的课程体系。

（三）加强实习实践基地的建设

首先，加强校内实习实践基地的建设，提升学校内部的实践教学设备的品质，相应地，进行实践教学的教育人员、开展创新实验的大学生、进行产学研合作项目的团队都将从中受益。对于学习数学的学生，需要的实验设备比较简化，如软件、计算机、大型服务器等，因此，在校内设置实践基地是可行的。其次，要加强校外实习实践基地的建设，我们不应只考虑场地的面积和数量，更应筛选出那些能发挥学生的专业优势，乐于招揽新生力量，重视创新，管理系统健全，稳定的公司和企业作为实习实践基地，并且建立长期有效的产学研合作关系。

# 参考文献

[1] 龚子明.信息技术视域下高职数学教学探讨 [J].科技风，
2023(11)：104-106.

[2] 张超.高职数学"三教改革"的有效路径研究 [J].科技风，
2023(9)：111-113.

[3] 李伟华，牛立尚.通识背景下高职数学课程知识体系探究 [J].
辽宁高职学报，2023，25(3)：51-53，71.

[4] 于菲.高职数学课程思政教学的探究与实践 [J].数据，2023(3)：
43-44.

[5] 周永花."三全育人"理念下高职数学教学的实践探索 [J].数据，
2023(3)：131-132.

[6] 姜思洁."互联网＋"背景下高职数学信息化教学改革探讨 [J].
中国新通信，2023，25(5)：188-190.

[7] 刘志梅.数学建模与高职数学教学的深度融合 [J].佳木斯职业
学院学报，2023，39(3)：152-154.

[8] 沈良，陈梦琦.以数学方法引领数学探究的教学实践 [J].数学
通报，2023，62(2)：26-29，35.

[9] 周莉，张敬，李燕.基于赞科夫发展性教学理论的高等数学教
学改革 [J].高师理科学刊，2023，43(1)：66-69.

[10] 丁慧剑.浅析计算机辅助教学在高职数学教学中的作用 [J].江
西电力职业技术学院学报，2023，36(1)：40-42.

[11] 王雅萍.五育融合视域下高职数学融合美育的路径探究 [J].湖北开放职业学院学报，2023，36(2)：154-156.

[12] 张福珍，陈晓波，候园.高职数学"金课"的内涵、特征与建设路径 [J].湖北开放职业学院学报，2023，36(2)：165-166，169.

[13] 覃倩倩.基于可拓关联规则的高职数学教学质量评价系统设计 [J].信息与电脑（理论版），2023，35(2)：251-253.

[14] 王鹏.创新人才培养视角下的高职数学教学改革研究 [J].数据，2023(1)：97-98.

[15] 陈海英，吴芳.基于大数据分析的高职数学教学资源共享平台设计 [J].信息与电脑（理论版），2023，35(1)：235-237.

[16] 段志霞，赵娜.数学文化在高职数学教学中的应用分析 [J].产业与科技论坛，2023，22(1)：194-195.

[17] 郝旭.在高职数学教学中融入数学建模思想的思考 [J].江西电力职业技术学院学报，2022，35(12)：55-56，59.

[18] 易同贸."三教"改革背景下高职数学课程教学资源建设探索 [J].长江工程职业技术学院学报，2022，39(4)：52-56.

[19] 丁学利.基于"课、团、赛"融合的高职数学课程思政建设探索 [J].阜阳职业技术学院学报，2022，33(4)：54-56.

[20] 王雅萍."五育"融合视域下高职数学实施课程思政的路径探索 [J].科教文汇，2022(20)：87-89.

[21] 金贞珍，冯雪.混合教学模式下课程思政融入高职数学的教学实践探索 [J].湖北开放职业学院学报，2022，35(19)：138-140.

[22] 谢歆鑫.系统思维下高职数学课程思政教学体系的构建 [J].濮阳职业技术学院学报，2022，35(5)：46-49.

[23] 潘红，田云霞，邢治业.基于 SPOC 的高职数学混合式教学模式的探索与实践 [J].经济师，2022(9)：170-171，176.

[24] 樊效炘.高职数学教学中线上线下双向融合教学的应用 [J]. 江西电力职业技术学院学报，2022，35(7)：39-40.

[25] 艾雪微.微课程在高职数学教学中的应用策略探究 [J]. 黑龙江科学，2022，13(13)：113-115.

[26] 刘清华.基于数学建模能力培养的高职数学教学策略 [J]. 北京工业职业技术学院学报，2022，21(3)：95-98.

[27] 田红丹.问题导向式教学法在高职数学教学中的应用分析 [J]. 广东职业技术教育与研究，2022(3)：31-33.

[28] 万顺妹."三全育人"理念下高职数学教学的实践探索 [J]. 现代农村科技，2022(5)：85-87.

[29] 王洁.基于混合式教学模式的高职数学教学改革策略研究 [J]. 科技风，2022(13)：112-114.

[30] 郭卫霞.数字化建设在高职数学课程教学中的有效应用 [J]. 科技视界，2022(12)：140-142.